Σ BEST シグマベスト

これでわかる算数 小学6年 文章題・図形

文英堂編集部　編

JN025244

文英堂

この本の特色と使い方

この本は, 全国の小学校・じゅくの先生やお友だちに, "どんな本がいちばん役に立つか" をきいてつくった参考書です。

❶ 教科書にピッタリあわせている。

❷ たいせつなこと(要点)がわかりやすく, ハッキリ書いてある。

❸ 確認テストやチャレンジテストなど問題がたくさんのせてある。

❹ 問題の考え方や解き方が, 親切に書いてあり, 実力が身につく。

❺ カラーの図や表がたくさんのっているので, 楽しく勉強できる。中学入試にも利用できる。

この本の組み立てと使い方

教科書のまとめ

● その単元で勉強することをまとめてあります。

▷ 予習のときに目を通すと, 何を勉強するのかよくわかります。テスト前にも, わすれていないかチェックできます。

解説＋問題

考え方 問題

別の考え方 コーチ

たいせつポイント

確認テスト

チャレンジテスト

● 各単元は, いくつかの小単元に分けてあります。小単元には「問題」,「確認テスト」,「チャレンジテスト」があります。

▷「問題」は, 学習内容を理解するところです。ここで, 問題の考え方・解き方を身につけましょう。

▷「コーチ」には,「問題」で勉強することと, 覚えておかなければならないポイントなどをのせています。

▷「たいせつポイント」には, 大事な事がらをわかりやすくまとめてあります。ぜひ, 覚えておいてください。

▷「確認テスト」は,「問題」で勉強したことを確かめるところです。これだけでも, 教科書の復習は十分です。

▷「チャレンジテスト」は, 時間を決めて, テストの形で練習するところです。少し難しい問題も入っています。中学受験などの準備に役立ててください。

おもしろ算数

●「おもしろ算数」では, ちょっと息をぬき, 頭の体そうをしましょう。

もくじ

もくじ

もくじ

1 円の面積

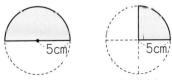
教科書のまとめ

☆ 円の面積

▶ 円の面積は、次の公式で求められる。

円の面積＝半径×半径×3.14

☆ 円の一部分の面積

▶ 同じ半径の円の何分の一になっているかを考えて求める。

5cm

5×5×3.14÷2

5cm

5×5×3.14÷4

1 円の面積

問題1 面積の求め方のくふう(1)

右の図の色のついた部分の面積を求めましょう。

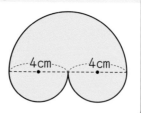

コーチ

●いくつかの円を組み合わせた形の面積の求め方

大きい円の面積から,中の小さい円の面積をひく。

 考え方　右の図のように上の半円と下の半円に分けて考えます。
　上の半円の面積は半径4cmの円の面積の半分です。下の半円を2つあわせると,直径4cm(半径2cm)の円になります。

円の面積＝半径×半径×3.14　ですから,

上の半円の面積　　　4×4×3.14÷2＝25.12(cm²)
下の半円2つの面積　2×2×3.14＝12.56(cm²)
あわせると,　　　　25.12＋12.56＝37.68(cm²)

答 37.68cm²

左の問題では,半円を2つあわせると円になるね。

> 円の面積＝半径×半径×3.14

問題2 面積の求め方のくふう(2)

右の図の色のついた部分の面積を求めましょう。

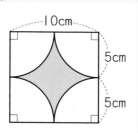

コーチ

●複雑な形の面積の求め方

外側の図形の面積から,内側の図形の面積をひく。

 考え方　まわりの4つの部分をあわせると,半径が5cmの円になります。したがって,色のついた部分の面積は,1辺が10cmの正方形の面積から,半径が5cmの円の面積をひいて求めます。

正方形の面積　10×10＝100(cm²)
円の面積　　　5×5×3.14＝78.5(cm²)
ひくと,　　　100－78.5＝21.5(cm²)

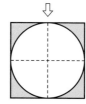

答 21.5cm²

移動して求めやすい形にして,面積を求めよう。

確認テスト

答え→別冊2ページ
時間 **30**分 合格点 **70**点

① 〔いろいろな円の面積〕
次の図の色のついた部分の面積を求めましょう。円周率は 3.14 とします。

[各10点…合計40点]

(1)
(2)

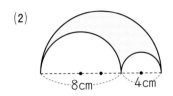

(3)
(4)

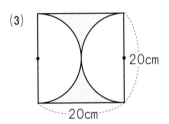
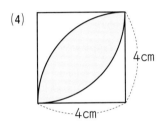

② 〔円の面積を求める〕
円の形をした花だんがあります。まわりの長さをはかると，18.84m ありました。円周率を 3.14 として，この花だんの面積を求めましょう。 [20点]

③ 〔トラックとリレーコースの面積〕
右の図は，ある小学校の運動場のトラックで，長方形と半円がくっついた形になっています。円周率を 3 として，次の問いに答えましょう。

[各20点…合計40点]

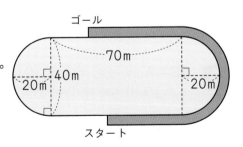

(1) トラックの中の面積を求めましょう。
(2) 図の茶色の部分は 150m 走のコースを 1 コースだけとったものです。このコースの面積はいくらですか。ただし，コースのはばは 1m，走行きょりはコースの内側のラインではかることにします。

チャレンジテスト

1 次の図の色のついた部分の面積を求めましょう。ただし，円周率は 3.14 とします。

[各15点…合計30点]

(1)

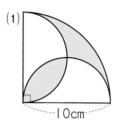

(2)

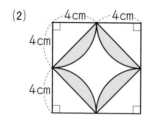

2 右の図のように草原の中に 2 辺が 2m，4m の長方形の小
屋があり，その外に 6m のつなでつながれている羊がい
ます。

この羊が行動できるはん囲の面積は何 m² ですか。円周率は
3.14 とします。　[20点]

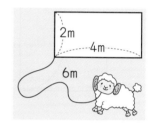

3 等しい 2 辺が 2cm の直角二等辺三角形と，1 辺が 2cm
の正方形と，直径が 2cm の円があります。右の図のよう
に，直角二等辺三角形の 1 つの頂点と正方形の 1 つの頂点は，
円の中心で重なっています。

色のついた部分の面積は何 cm² ですか。円周率は 3.14 と
して計算しましょう。　[20点]

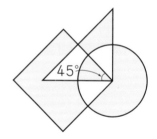

4 AB＝4cm，BC＝3cm，CA＝5cm の直角三角形があり，
そのまわりを半径 1cm の円が図のように辺にそってすべ
らないように一周してもとの位置までもどります。

次の問いに答えましょう。ただし，円周率は 3.14 とします。

[各15点…合計30点]

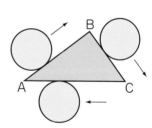

(1) 円の中心が移動する長さを求めましょう。
(2) 円が通過した部分の面積を求めましょう。

② 文字と式

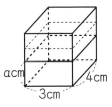
教科書の
まとめ

★ 数量を表す式・関係を表す式

▶ いろいろに変わる数や量のかわり
に文字aやxなどを用いて数量や数
量の関係を式に表すことができる。

▶ 数量を表す式では単位をつけて表
す。

例 〈数量を表す式〉
1個250円のケーキをx個買い，
200円の箱に入れたときの代金は
$$250 \times x + 200 （円）$$

〈数量の関係を表す式〉
縦4cm，横3cmの
直方体の高さを
変えていくとき
の高さと体積の
関係。高さを$a$cm，
体積を$b$cm³とすると，
$$b = 4 \times 3 \times a \quad より \quad b = 12 \times a$$

$a$cm
3cm
4cm

★ x を使った式を解く

▶ わからない数や量をxとして，数量
の関係を式に表し，逆算をして，x
の値を求めることができる。

例 底辺5.5cm，面積9.9cm²の平行四
辺形の高さを求めましょう。
$$5.5 \times x = 9.9$$
$$x = 9.9 \div 5.5$$
$$x = 1.8 \quad 答 \quad 1.8cm$$

1 文字と式

問題1 数量を表す文字の式

ゼリーのつめ合わせをします。ゼリーは1つ75円, 60円, 40円の3種類です。同じゼリーを4つ, 220円の箱につめて, おくり物にします。ゼリーの値段を x 円とし, ゼリーのつめ合わせの代金を求めましょう。

75円
60円
40円

 **考え方**

まず, 言葉の式に表しましょう。

代金＝（ゼリー1個の値段×4）＋箱代

ゼリー4個の値段は, どのゼリーを選ぶかではっきり決まっていないので, （$x×4$）円です。

ゼリーのつめ合わせの代金は（$x×4＋220$）円となります。

答 （$x×4＋220$）円

コーチ

●いろいろ変わる数量を x や a などの文字に変えて, 式をつくることができる。

●文字を使うと, 数量がいろいろに変わっても, 1つの式に表せるので便利である。

●数量を表す文字の式では, 単位もつける。

（$x÷2$）円, （$y×6$）m, （$a＋60$）kg, （$x－50$）円のようにかきます。

問題2 数量の関係を表す文字の式

右の図のように, 三角形の底辺の長さを変えないで, 高さだけを変えるとき, 高さ a cm と面積 b cm² の関係を式で表しましょう。

また, 高さが7.5cmのときの面積を求めましょう。

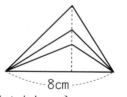

8cm

 考え方

三角形の面積＝底辺×高さ÷2

$b＝8×a÷2$

$b＝4×a$

この式に $a＝7.5$ をあてはめると, $b＝4×7.5＝30$

答 $b＝4×a$, 30cm²

 コーチ

●いろいろ変わる数量の関係も, 文字を使って表すことができる。

●$a＝4$, $x＝9$ など具体的に数字を入れると, 全体の数量を求めることができる。

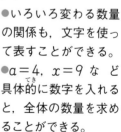

今度は ＝, ＞, ＜ を用いて表す式だから, 単位はかかないよ。

確認テスト

1 [文字の入った計算の式をつくる]
　ある数 a から 31 をひき，その差に 1.7 をかけると答えが b になるとき，a と b の関係を式に表しましょう。また，$a=50$ のとき，b はどうなりますか。　[20点]

2 [昼の時間と夜の時間]
　昼の長さが a 時間の日の夜の時間を b 時間として，関係を式に表しましょう。[20点]

3 [長方形の縦と横]
　まわりの長さが 36cm の長方形があります。　[各15点…合計30点]

(1) 縦の長さが $a$cm のとき，横の長さ $b$cm を求める式をかきましょう。
(2) 縦の長さが 7.2cm のとき，横の長さは何 cm ですか。

4 [平行四辺形の面積]
　底辺の長さが 7cm の平行四辺形があります。　[各15点…合計30点]

(1) 高さが $a$cm，面積が $b$cm^2 として，関係を式に表しましょう。
(2) 高さが 6.1cm のときの面積を求めましょう。

2 x を用いた式

問題 1 x を用いた式(1)

1枚350円のハンカチを3枚買って，プレゼント用の箱に入れてもらったら，代金は1170円でした。箱代はいくらでしょう。
箱代を x として式を立て，求めましょう。

 箱代を x 円として，代金1170円になる式をつくります。
ハンカチ3枚分の金額＋箱代＝代金

$$350 \times 3 + x = 1170$$
$$1050 + x = 1170$$
$$x = 1170 - 1050$$
$$x = 120$$

答 120円

 コーチ

● x を使った式から，x にあてはまる数を求めるとき，式の数や x を，いくつかのかたまりとみる。

● かけ算と，たし算・ひき算の混合式は，かけ算部分を1つの数量とみる。

$$\boxed{x \times 2} + 3 = 13$$
$$\bigcirc + 3 = 13$$
$$\bigcirc = 13 - 3$$
$$\bigcirc = 10$$
$$x \times 2 = 10$$
$$x = 10 \div 2$$
$$x = 5$$

問題 2 x を用いた式(2)

右の図のような，2つの底辺の長さが5.7cmと7.3cm，面積が27.3cm² の台形の高さを求めましょう。

 高さを x cm として，面積を求める公式をあてはめます。
(上底＋下底)×高さ÷2＝27.3

$$(5.7 + 7.3) \times x \div 2 = 27.3$$
$$13 \times x \div 2 = 27.3$$
$$13 \times x = 54.6$$
$$x = 54.6 \div 13$$
$$x = 4.2$$

答 4.2cm

÷2をする前はどういうことか考える
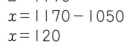

13をかける前はどういうことか考える
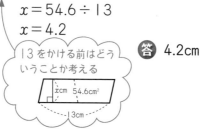

 コーチ

● わからない数量を求めるとき，x を使った式に表して考える。
① わからない数量を x とする。
② x を用いた式に表す。
③ x にあてはまる数を求める。

● x にあてはめる数を求める時は表した式の計算の逆の順序に考えていくとよい。

確認テスト

答え→別冊4ページ

時間 **25**分　合格点 **70**点

得点 ／100

1 [平均点を出す式と x]

　漢字の書き取りテストが4回ありました。点数は右の表のとおりです。5回目がすんでから平均点を出すと，84.8点でした。

1回目	2回目	3回目	4回目
78点	86点	80点	92点

[各10点…合計20点]

(1) 5回目の点数を x として，5回の平均点を求める式をつくりましょう。

(2) 5回目は何点でしたか。

2 [代金と x]

　1本 x 円のえん筆18本と115円のノートを6冊買ったときの代金は1860円でした。このえん筆3本とノート1冊を買うとき，代金はいくらでしょう。　　　　　　[20点]

3 [平行四辺形の面積と x]

　底辺が36cmで，高さが24cmの平行四辺形と面積の等しい台形があります。この台形の高さは32cmで，底辺の1辺は20cmです。もう1つの底辺の長さを x cmとして式を立て，求めましょう。　　　　　[20点]

4 [水の体積と x]

　内のりが縦9cm，横14cm，深さ20cmの容器があります。

この容器に1Lの水を入れると，深さは何cmになるでしょう。深さを x として求めましょう。

　x は四捨五入をし，上から2けたのがい数にしましょう。　　[20点]

5 [三角形の面積と x]

　底辺が13cm，高さが9cmの三角形があります。この三角形の面積を変えないで底辺の長さを2cm長くすると，高さは何cmになりますか。　　[20点]

1 次の(1)～(4)のような式で表される数はどれですか。あてはまるものを下の ☐ の中から選びましょう。　　　　　　　　　　　　　　　[各5点…合計20点]

(1) $6 \times x - 2$　　　　　　　　(2) $2 \times x - 1$

(3) $2 \times x \times 5$　　　　　　　(4) $10 \times x - x$

> ⑦ 奇数　　⑦ 偶数　　⑦ 4の倍数　　⑦ 6の倍数
>
> ⑦ 9の倍数　　⑦ 10の倍数　　⑦ 6でわると2余る数
>
> ⑦ 6でわると4余る数　　⑦ 10でわると2余る数

2 ある数を23でわるつもりが，まちがえて28でわったので，商が253で余りが16になりました。正しい答えを求めましょう。　　　[20点]

3 4つの数A，B，C，Dを加えると180になり，Aの5倍，Bの$\frac{1}{5}$倍，Cに5を加えた数，Dから5をひいた数はみな等しくなります。Aはいくつですか。

[20点]

4 右の図形は，台形を2つ組み合わせたもので面積は21.975cm^{2}です。xにあてはまる数を求めましょう。[20点]

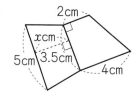

5 3つの整数A，B，Cがあります。AとBをかけると63，AとCをかけると21，BとCをかけると27になります。Bはいくつですか。

[20点]

チャレンジテスト②

1 右の図のような台形の形をした土地があります。BC は AD の2倍で，面積は 7.2a です。　[各10点…合計20点]

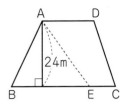

(1)　BC の長さはどれだけですか。

(2)　この台形を直線 AE で面積の等しい三角形と台形に分けます。このとき，BE は何 m ですか。

2 1本の値段が 50 円のえん筆と 100 円のえん筆を何本か買い，2000 円支はらいました。50 円のえん筆の本数は，100 円のえん筆の本数の3倍でした。100 円のえん筆は何本買いましたか。　[20点]

3 A，B，C の3人が 3600 円を分けます。B は A の3倍，C は A の4倍になるように分けたいと考えます。A，B，C の3人はそれぞれいくらもらうことになりますか。　[30点]

4 なわとびをするのに，長さ 24m のなわを買ってきて，何人かで分けました。1人分の長さを 1.7m にしたところ，なわが 20cm 余りました。この時，次の問いに答えましょう。　[各15点…合計30点]

(1)　分けた人数を x 人として，次のような式をつくりました。正しい関係を表している式をすべて選び，記号で答えましょう。

　　⑦　$(24-20) \div x = 1.7$　　④　$(24-0.2) \div 1.7 = x$

　　⑦　$1.7 \times x = 24 + 0.2$　　⑤　$1.7 \times x + 0.2 = 24$

(2)　分けた人数を求めましょう。

文字ですっきり計算を！

答え➡101ページ

あるお店でホットドッグを売ることにすると，初日から，大変よく売れました。2日目はもっと売れて初日の2倍，3日目は，もっと，もっと売れて2日目の2倍，4日目は，3日目の2倍から，初日の分をひいた分だけ売れました。5日目は，4日目の分より2日目の2倍をひいただけ売れました。5日目は初日の何倍の量のホットドッグが売れましたか。

2日目は初日の2倍，3日目は2日目の2倍だから，初日の2倍の2倍だな。ということは，4日目は…えーと，えーと，どうするんだろう？

おじさん，落ちついて。文字を使って考えてみてよ。初日に x 本売れたとすれば，

2日目… $x×2$ 本

3日目… $(x×2)×2$
　　　 $=(x×4)$ 本

4日目… $(x×4)×2-x$
　　　 $=x×8-x$
　　　 $=x×(8-1)$
　　　 $=(x×7)$ 本

だから…

文字を使えばいいんだね。

ね！

3 分数のかけ算とわり算

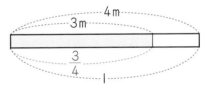

教科書の
まとめ

☆ 分数のかけ算

▶ **分数×整数** 分母はそのままで, 分子に整数をかける。

$$\frac{b}{a} \times c = \frac{b \times c}{a}$$

例 $\dfrac{2}{7} \times 3 = \dfrac{2 \times 3}{7} = \dfrac{6}{7}$

▶ **分数×分数** 分子どうし, 分母どうしをかける。

$$\frac{b}{a} \times \frac{d}{c} = \frac{b \times d}{a \times c}$$

例 $\dfrac{3}{7} \times \dfrac{4}{9} = \dfrac{3 \times \overset{1}{4}}{7 \times \underset{3}{9}} = \dfrac{4}{21}$

☆ 分数のわり算

▶ **分数÷整数** 分子はそのままで, 分母に整数をかける。

$$\frac{b}{a} \div c = \frac{b}{a \times c}$$

例 $\dfrac{2}{7} \div 3 = \dfrac{2}{7 \times 3} = \dfrac{2}{21}$

▶ **（分数, 整数）÷分数** 分母と分子を入れかえた分数（逆数）をかける。

$$\frac{b}{a} \div \frac{d}{c} = \frac{b \times c}{a \times d}$$

例 $\dfrac{2}{7} \div \dfrac{4}{9} = \dfrac{\overset{1}{2} \times 9}{7 \times \underset{2}{4}} = \dfrac{9}{14}$

☆ 割合を表す分数

「3m は 4m の $\dfrac{3}{4}$ にあたる」というときの $\dfrac{3}{4}$ は割合を表している。3m は比べられる量で, 4m はもとにする量。

① 割合を求めるとき

割合＝比べられる量÷もとにする量

例 $3m \div 4m = \dfrac{3}{4}$

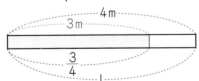

② 比べられる量を求めるとき

比べられる量＝もとにする量×割合

例 $4m \times \dfrac{3}{4} = 3m$

③ もとにする量を求めるとき

もとにする量＝比べられる量÷割合

例 $3m \div \dfrac{3}{4} = 4m$

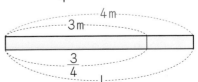

1 分数のかけ算とわり算

問題 1 分数のかけ算

たてが $\dfrac{25}{12}$ m, 横が 3m の長方形の花だんがあります。この花だんの面積は何 ㎡ ですか。

●文章題で, 数が分数になっても整数のときと同じように考えればよい。公式も同じように使える。

考え方　長方形の面積＝たて× 横の公式を使います。このような公式は, **整数だ**けでなく分数や小数の場合にも使えます。

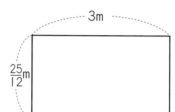
3m

$\dfrac{25}{12}$m

●**分数 × 整数の計算**では, 分母はそのままで, 分子に整数をかける。

$$\frac{25}{12} \times 3 = \frac{25 \times \overset{1}{3}}{\underset{4}{12}} = \frac{25}{4} = 6\frac{1}{4}(㎡)$$

└── ここで約分しておくと簡単

●整数のときより, 計算が難しくなるので, 気をつけること。約分できるものは, 計算のと中で約分するとよい。

答 $6\dfrac{1}{4}㎡\left(\dfrac{25}{4}㎡\right)$

もっとくわしく　問題文の $\dfrac{25}{12}$ が $2\dfrac{1}{12}$ と, 仮分数でなく, 帯分数であたえられている場合, どうするのでしょう。

式が帯分数×整数になる場合, 帯分数を仮分数になおして計算します。

$$2\frac{1}{12} \times 3 = \frac{25}{12} \times 3 = \frac{25 \times \overset{1}{3}}{\underset{4}{12}} = \frac{25}{4} = 6\frac{1}{4}$$

答 $6\dfrac{1}{4}㎡$

●**分数÷整数**では, 分子はそのままで, 分母に整数をかける。

問題 2 分数のわり算

$\dfrac{2}{3}$L あるジュースを, 3人で同じ量ずつ分けます。1人分は何 L になりますか。

●「ある数でわる」ということは「ある数の逆数をかける」ことと同じ。

たとえば, $3 = \dfrac{3}{1}$ と考えると, 3 の逆数は $\dfrac{1}{3}$。つまり, 3 でわるということは $\dfrac{1}{3}$ をかけるということ。

考え方　全体の量÷人数＝1人分 で求めることができます。

3人で分けると

このように考えると, 整数でわることも分数でわることもすべて「逆数をかける」ということになる。

$$\frac{2}{3} \div 3 = \frac{2}{3 \times 3} = \frac{2}{9}(L)$$

└── 分母に 3 をかける

答 $\dfrac{2}{9}$L

たいせつ
ポイント

分数と小数のまじった計算…小数か分数かどちらかにそろえる。
かけ算・わり算は，たし算・ひき算より先に計算する。

問題❸　分数のかけ算

縦が $2\frac{1}{5}$ m，横が $3\frac{3}{4}$ m の長方形の花だんがあります。
この花だんの面積は何 m^2 ですか。

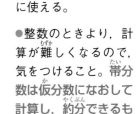

●文章題で，数が分数
になっても整数のとき
と同じように考えれば
よい。公式も同じよう
に使える。

●整数のときより，計
算が難しくなるので，
気をつけること。帯分
数は仮分数になおして
計算し，約分できるも
のは，計算のと中で約
分するとよい。

考え方　長方形の面積＝縦×横
の公式を用います。
このような公式は，
整数だけでなく分数や小数の場合
にも使えます。

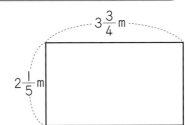

$$2\frac{1}{5} \times 3\frac{3}{4} = \frac{11}{5} \times \frac{15}{4}$$

$$= \frac{11 \times \overset{3}{\cancel{15}}}{5 \times 4} = \frac{33}{4} = 8\frac{1}{4} \ (m^2)$$

ここで約分しておくと簡単

答　$8\frac{1}{4}$ m^2

問題❹　分数のわり算

ある鉄パイプ $1\frac{1}{5}$ m の重さは $\frac{2}{3}$ kg です。この鉄パイプ 1m
の重さは何 kg ですか。

●帯分数のふくまれた
分数のわり算では，仮
分数になおして計算す
る。
と中で約分できる場合
は，約分する。

考え方　式は $\frac{2}{3} \div 1\frac{1}{5}$ です。
帯分数のふくまれた分数のわり算では，仮分数になお
して計算します。

$$\frac{2}{3} \div 1\frac{1}{5} = \frac{2}{3} \div \frac{6}{5}$$

仮分数になおす。

$$= \frac{\cancel{2} \times 5}{3 \times \cancel{6}} = \frac{5}{9}$$

答　$\frac{5}{9}$ kg

1 〔1人が食べる米の重さ〕

ゆきさんの家では，1か月に米を $12\frac{1}{3}$ kg 食べました。家族は4人です。1人あたり何 kg 食べたことになるでしょう。　　　　　　　　　　　　　　　[20点]

2 〔ペンキでぬれる面積〕

1dL で $\frac{4}{7}$ m² ぬれるペンキがあります。このペンキ $5\frac{1}{4}$ dL では，何 m² ぬれるでしょう。　　[20点]

3 〔棒の重さ〕

1m の重さが $3\frac{3}{4}$ kg の鉄の棒があります。この鉄の棒 $3\frac{1}{5}$ m の重さは何 kg ですか。

[20点]

4 〔残った針金の長さ〕

なおみさんたちは，18m あった針金を，$1\frac{2}{7}$ m ずつ9人で使いました。針金は何 m 残っていますか。　　　　　　　　　　　　　　　　　　　　[20点]

5 〔単位量の布の値段〕

布を $3\frac{3}{5}$ m 買ったら代金は 2700 円でした。この布 1m の値段はいくらでしょう。

[20点]

1 [全員で必要なリボンの長さ]

　クラスでリボンを使って，かざりつけをします。1人が $\frac{5}{8}$ m 使うとすると，32人のクラスでは何 m のリボンが必要ですか。　[20点]

2 [1時間で編める長さ]

　あずみさんは，1分間で $5\frac{1}{6}$ cm 毛糸を編むことができます。昨日までに $20\frac{1}{5}$ cm 編んでいます。これからも，同じ速さで編み続けるとすると，今から1時間後には何 cm 編めているでしょう。　[20点]

3 [ペンキをぬった面積]

　ゆうきさんはへいのペンキぬりの手伝いをし，3時間で $\frac{27}{4}$ m² のかべをぬりました。ずっと同じ速さでぬっていたとすると，1時間あたり何 m² ぬっていたことになるでしょう。　[20点]

4 [1人あたりのあさりの重さ]

　ゆりかさん達は，4人でしおひがりに行って $12\frac{1}{3}$ kg のあさりをとりました。4人で同じ重さになるように分けると，1人あたり何 kg ずつもらうことができるでしょうか。　[20点]

5 [ふくろごとの重さ]

　すみかさんが，30m が $2\frac{1}{4}$ kg のはり金と，50m が $4\frac{1}{6}$ kg のはり金と，70m が $4\frac{1}{5}$ kg のはり金をそれぞれ1mずつ買うと，$\frac{1}{10}$ kg のふくろに入れてもらえたそうです。ふくろごとの重さは何 kg ですか。　[20点]

② 割合を使った問題

問題 1 比べられる量を求める問題

小さなびんには水が 16dL 入ります。大きなびんには、小さなびんに入る量の $\frac{3}{8}$ だけ多く入ります。大きなびんには何 dL 入りますか。

コーチ

●比べられる量
＝もとにする量×割合
もとにする量を見つけ、これを 1 とする。
次に、比べられる量のもとにする量に対する割合を見つける。

考え方 小さなびんに入る水の量を 1 として、問題に表されている関係を図に表して考えます。

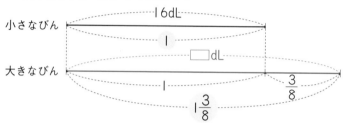

大きなびんに入る量は、小さなびんに入る量の $\left(1+\frac{3}{8}\right)$ 倍です。

$$16 \times \left(1+\frac{3}{8}\right) = 16 \times \frac{11}{8} = \frac{\overset{2}{16} \times 11}{\underset{1}{8}} = 22$$

答 22dL

問題 2 もとにする量を求める問題

絵の具とパレットを買ったら、代金はあわせて 1400 円でした。パレットの値段は絵の具の値段の $\frac{3}{4}$ にあたります。絵の具の値段を求めましょう。

コーチ

●もとにする量
＝比べられる量÷割合
比べられる量とその全体に対する割合を見つける。

もとにする量 → 1

比べられる量 → 割合

この関係をよく理解しましょう。

考え方 絵の具の値段を 1 として考えてみましょう。図に表すとよくわかります。

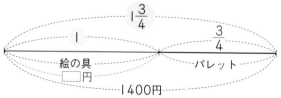

全体の値段の割合は、絵の具の値段の $\left(1+\frac{3}{4}\right)$ になります。

$$1400 \div \left(1+\frac{3}{4}\right) = 1400 \times \frac{4}{7} = \frac{\overset{200}{1400 \times 4}}{\underset{1}{7}} = 800$$

答 800 円

確認テスト①

答え→別冊6ページ

時間30分　合格点80点　得点　／100

1〔全体に対する割合の人数〕

あきこさんのクラスは35人です。クラス全体の$\frac{3}{7}$の人がペットをかっています。ペットをかっている人の$\frac{3}{5}$が犬をかっています。犬をかっている人は何人ですか。［20点］

2〔やりとりのあとの枚数〕

つよしさんは，シールを96枚持っていました。そのうち15枚を弟にあげて，残りの$\frac{1}{3}$を妹にあげました。いま，つよしさんはシールを何枚持っていますか。［20点］

3〔差と割合から求める〕

しげるさんの体重はお父さんの体重の$\frac{4}{5}$で，お父さんの体重はお母さんの体重より11kg重いといいます。お母さんの体重が51kgのとき，しげるさんの体重は何kgですか。［20点］

4〔ボールのはねあがり〕

落とした高さの$\frac{3}{5}$はねあがるボールがあります。このボールを10mのビルの屋上から落とすと，2回目は何mはねあがるでしょう。［20点］

5〔単位あたりの量，割合と量〕

みどりさんの家の畑は，$9\frac{3}{4}$aあります。昨年この畑から15.6tの玉ねぎがとれました。［各10点…合計20点］

(1)　昨年，1aあたり玉ねぎは何tとれましたか。

(2)　今年の玉ねぎのとれ高は，昨年のとれ高の$\frac{1}{4}$多いそうです。今年1aあたり何tとれましたか。

確認テスト②

1 〔全体の道のり〕

まさおさんがおじさんのところまで行くとき，全体の道のりのうちの $\frac{8}{9}$ は乗り物を使い，残りは歩きます。乗り物を使ううちの $\frac{3}{8}$ はバスに乗り，その道のりは10kmです。まさおさんの家からおじさんの家まで何kmですか。　　　　　　　　　[20点]

2 〔本のページ数〕

ゆかりさんは学校で本を借りました。最初の日に全体の $\frac{3}{8}$，次の日に残りの $\frac{4}{5}$，3日目に31ページ読み，この本を読み終えました。この本全体では何ページありますか。　　　　　　　　　[20点]

3 〔はじめの個数〕

パン屋さんがパンを焼きました。午前中に全体の $\frac{2}{3}$，午後3時までに全体の $\frac{1}{4}$ が売れたので，全部で66個のパンが売れたことになります。はじめに何個のパンを焼いたのでしょう。　　　　　　　　　[20点]

4 〔リボンの長さ〕

赤色，黄色，青色のリボンがあります。黄色は赤色の $\frac{4}{5}$，青色は黄色の $1\frac{1}{2}$ の長さになります。3本の長さの和は450cmです。黄色のリボンは何cmですか。　　　　　　　　　[20点]

5 〔はじめに持っていたお金〕

ごろうさんは，持っていたお金の $\frac{2}{7}$ を使って本を買いました。次の日に残ったお金の $\frac{2}{3}$ のおこづかいをもらったので，合計は3750円になりました。はじめにごろうさんはいくら持っていたのでしょう。　　　　　　　　　[20点]

チャレンジテスト①

1 体積が $1\frac{1}{5}$ L で，重さが 1.8kg の液体があります。この液体 15kg の体積は何 L ですか。　　　　　　　　　　　　　　　　　　　　　　　　[20点]

2 おさむさんは，いくらかのお金を持って買い物に行きました。最初に持っていたお金の $\frac{1}{3}$ を使ってプラモデルを買い，次に 700 円の本を買いました。残ったお金は最初に持っていたお金の $\frac{3}{8}$ でした。最初にいくら持っていたのでしょう。　　　　　　　　　　　　　　　　　　　[20点]

3 N さんは，初日にある本の $\frac{2}{7}$ を読み，2 日目に残りの $\frac{1}{5}$ を読み，3 日目には初日に読んだ分の $\frac{3}{4}$ を読んだところ，125 ページ残りました。この本は全部で何ページありますか。　　　　　　　　　　　　　　　　　　　[30点]

4 あわせて 32L 入る容器 A，B があります。いま，容器 A には容積の $\frac{2}{5}$，容器 B には容積の $\frac{2}{3}$ の水が入っています。この 2 つの容器に，同じ量の水を加えたところ，容器 A には容積の $\frac{1}{2}$，容器 B には容積の $\frac{5}{6}$ まで水が入りました。容器 A の容積は何 L ですか。　　　　　　　　　　　　　　　　　　　[30点]

チャレンジテスト②

1 下の3個の分数に，できるだけ小さい同じ整数をかけて，それぞれを整数にするには，どんな整数をかければよいですか。
　また，できるだけ小さい同じ分数をかけて，それぞれを整数にするには，どんな分数をかければよいですか。　　　　　　　　　　　　　　　　　　　　[20点]

$$1\frac{1}{3} \quad 2\frac{2}{5} \quad 1\frac{7}{9}$$

2 ある容器の $\frac{1}{3}$ に水が入っています。そこに5Lの水を加えると，水の量は容器の $\frac{3}{4}$ になります。この容器には何Lの水が入りますか。　　　　[20点]

3 $2\frac{2}{17}$ をかけても，$3\frac{3}{4}$ をかけても整数になる分数があります。このような分数の中で，もっとも小さいものを求めましょう。　　　　　　　　　　　　[20点]

4 花屋さんが，赤色，黄色，白色のチューリップを仕入れました。赤色は全体の $\frac{2}{5}$ で120本です。白色は赤色の $\frac{3}{4}$ です。黄色は何本仕入れたのでしょう。　[20点]

5 1本のひもをその長さの $\frac{1}{3}$ より2cm長く切り取り，次に残りの $\frac{1}{2}$ より3cm短く切り取りました。さらにその残りの $\frac{1}{4}$ より1cm短く切り取ると13cm残りました。最初のひもの長さは何cmですか。　　　　　　　　　　　　　　　　　[20点]

4 対称な図形

教科書の
まとめ

☆ 線対称

- ▶ **線対称な図形**
  1本の直線を折り目にして2つ折りにしたとき, ぴったりと重なる形。

- ▶ **対称の軸**
  折り目にした直線。1本だけとは限らない。図形によっては2本以上ある場合もある。

- ▶ **対応する点・辺**
  2つ折りにしたとき重なり合う点・辺。

- ▶ **線対称な図形の性質**
  対応する点を結ぶ直線は, 対称の軸に垂直に交わり, 対称の軸によって2等分される。

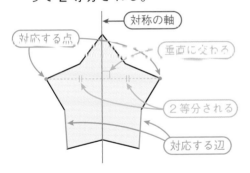

☆ 点対称

- ▶ **点対称な図形**
  1つの点を中心として180°回転したとき, もとの形にぴったり重なる形。

- ▶ **対称の中心**
  180°回転したときの中心。

- ▶ **対応する点・辺**
  180°回転したとき重なり合う点・辺。

- ▶ **点対称な図形の性質**
  対応する点を結ぶ直線は, 必ず対称の中心を通り, 対称の中心によって2等分される。

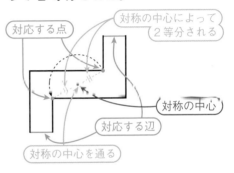

線対称な図形

右の図は線対称な図形です。

(1) あの角の大きさを求めましょう。

(2) 辺 EG の長さを求めましょう。

(3) 三角形 ABJ はどんな三角形でしょう。

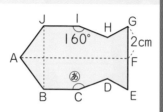

●線対称な図形は，対称の軸によって2つの合同な図形に分けられる。

●合同な図形では，対応する辺の長さや角の大きさは等しい。

 線対称な図形の性質を利用します。

(1) 対応する角の大きさは等しい。   **答** 160°

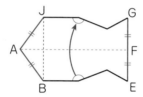

(2) 対応する辺の長さは等しいので
EF ＝ GF ＝ 2 (cm)
EG ＝ EF ＋ FG ＝ 2 (cm) ＋ 2 (cm) ＝ 4 (cm)   **答** 4cm

(3) AB と AJ は対応する辺だから   AB ＝ AJ   **答** 二等辺三角形

この問題の図では対称の軸は1本だけど，いつもそうではない。
2本以上ある図形もあることを覚えておこう。

右の図形が，直線アイを対称の軸として線対称な図形になるように，残りの半分をかきましょう。

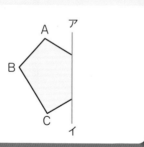

●線対称な図形のかき方
①各点から対称の軸に垂直な直線をひく。
②その直線の長さを2倍して，対応する点をとる。
③それぞれの対応する点を結ぶ。

 線対称な図形をかくには，まず対称の軸に対して対応する点を見つけます。点 A の場合，

① 点 A から対称の軸アイに垂直な線をひく。

② AH の長さが点 A からアイまでの長さの2倍になるような点 H を①の直線上でアイに対して A の反対側にとる。

つまり，点 H が点 A の対応する点になります。点 B，C についても同じようにすれば，点 I，J がとれます。これらの点を順に結びます。   **答** 右の図

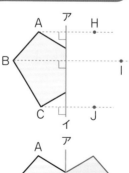

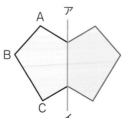

確認テスト

答え➡別冊9ページ

1 〔対称の軸〕

下の図は線対称な図形です。対称の軸はそれぞれ何本あるでしょう。[各10点…合計20点]

(1)

(2)

2 〔対称の軸〕

右の図は正六角形です。点O, P, Q, R, S, Tは，各辺を2等分した点です。次の問いに答えましょう。[各10点…合計30点]

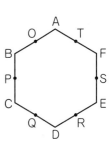

(1) 直線BEを対称の軸としたとき，辺DEに対応する辺

(2) 直線QTを対称の軸としたとき，点Rに対応する点

(3) 直線ROを対称の軸としたとき，直線SEに対応する直線

3 〔線対称な形をかく〕

下の図は直線アイを対称の軸とした線対称な図形の半分を表したものです。残りの半分をかきましょう。[各10点…合計20点]

(1)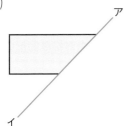

(2)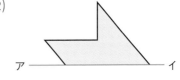

4 〔線対称な図形の性質〕

右の図は，直線IJを対称の軸とした線対称な図形です。次の問いに答えましょう。[各10点…合計30点]

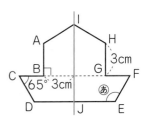

(1) 三角形IBGはどんな三角形でしょう。

(2) あの角の大きさを求めましょう。

(3) 四角形ABGHの面積を求めましょう。

2 点対称な図形

問題 1 点対称な図形の性質

右の図は，点対称な図形です。

(1) 点Aに対応する点は，どの点でしょう。

(2) 対応する2つの点を結んで中心O からの長さを調べましょう。

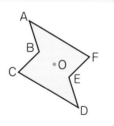

●点対称な図形では対応する2つの点を結ぶ直線は，対称の中心を通る。

対称の中心

●対称の中心から対応する点までの長さは等しい。

考え方 点対称な図形は，対称の中心のまわりに180°回転させると，もとの図形にもどります。

(1) 点Oを中心として点Aを180°回転させると，点Dに重なります。　**答 点D**

(2) 点Aと点Dを結ぶと，対称の中心Oを通ります。また点Oから点A，点Oから点Dまでの長さを測ってみると，等しいことがわかります。

答 点Oからの長さは等しい。

問題 2 点対称な図形のかき方

右の図は点Oを対称の中心とする点対称な図形の半分を表したものです。残りの半分をかきましょう。

●点対称な図形のかき方

①図形の頂点から対称の中心を通る直線をひく。

②直線の長さを2倍したところを対応する点とする。

③このようにしてとった対応する点を順に結ぶ。

考え方 点対称な図形をかくには，まず対称の中心に対して対応する点を見つけます。点Aについて例をとると，

① 点Aから点Oを通る直線をかく。

② AO＝OHとなる点Hを①の直線上でOに対してAの反対側にとる。

つまり，点Hが点Aの対応する点になります。
点B，Cについても同じようにすれば点I，Jがとれます。これらの点を順に結びます。

答 右の図

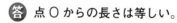

確認テスト

得点　／100

1 〔点対称な図形〕

下の図から点対称な図形を選びましょう。　　　　　　　　　　　　　　　[10点]

㋐　㋑　㋒　㋓　㋔　㋕

㋖　㋗　㋘　㋙　㋚　㋛

2 〔点対称な図形の性質〕

右の図は点対称な図形です。次の問いに答えましょう。

[各10点…合計40点]

(1) 点 B に対応する点
(2) 辺 DE に対応する辺
(3) 角 G の大きさ
(4) 辺 BC の長さ

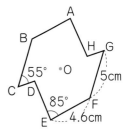

3 〔点対称の中心〕

下の図は点対称な図形です。対称の中心をかき入れましょう。　　　[各10点…合計30点]

(1) 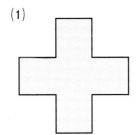　　(2) 　　(3)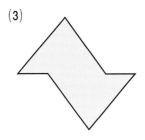

4 〔点対称な図形をかく〕

右の図は点 O を中心とした点対称な図形の半分を表したものです。残りの半分をかきましょう。

[各10点…合計20点]

(1) 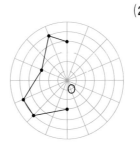　(2)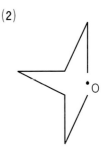

チャレンジテスト

1 下の図を完成させましょう。　　　　　　　　　　　　　　[各15点…合計30点]

(1) 直線 AB を対称の軸とする線対称な形

(2) 点 O を対称の中心とする点対称な形

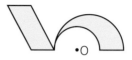

2 アルファベット 26 文字が次のようにかいてあります。

| A B C D E F G H I J K L M |
| N O P Q R S T U V W X Y Z |

これらを次のように型分けします。

 のように縦線を入れて線対称になるもの…1 型

のように横線を入れて線対称になるもの…2 型

のように点を入れて点対称になるもの…3 型　　　　　[各10点…合計20点]

(1) 1 型でも 2 型でも 3 型でもあるアルファベットをすべてあげなさい。

(2) 3 型だけであるアルファベットをすべてあげなさい。

3 正方形の紙 ABCD の辺 AD を，AP を折り目として重ねるとき，点 D のくる位置を E とします。
辺 AB と AP のつくる角の大きさが 62° のとき，x の角の大きさは何度ですか。　　　　[20点]

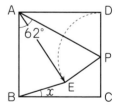

4 右の図は正方形 ABCD を移動させて，正方形 FLKG に重ねた図です。　　　　　　　　　　　　　　[各15点…合計30点]

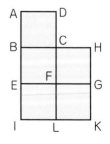

(1) 点 C を中心に 180° 右側へ回転させ，次に FG を対称の軸として線対称に移動させると，点 B はどの点に重なりますか。

(2) BC を対称の軸として線対称に移動させ，次に点 F を中心に 180° 右側へ回転させたとき，点 A はどの点に重なりますか。

5 比とその利用

教科書のまとめ

☆ 比

▶ 右の長方形の
縦の長さ（2cm）と
横の長さ（3cm）
の割合を
  2：3
と表すことがある。
このように表した割合を比という。

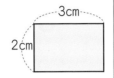

☆ 比を簡単にする

等しい比で，できるだけ小さな整数の
比になおすことを，比を簡単にすると
いう。

例　120：200 の比を簡単にすると，
  3：5

☆ 比の値

▶ $a：b$ の前の数（a）を，後ろの数（b）
でわった商$\left(\dfrac{a}{b}\right)$を，$a：b$ の比の値
という。

☆ 比の利用

▶ 比を使って次のことができる。
❶比の一方の数量を求める。
❷全体を決まった比に分ける。

☆ 等しい比

▶ $a：b$ の両方の数に同じ数をかけた
り，両方の数を同じ数でわったり
してできる比は，みんな $a：b$ に等
しくなる。

例　2：3＝8：12　14：21＝2：3

☆ 比例配分

▶ ある量を $a：b$ の比に分ける。

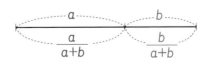

a にあたる量＝ある量×$\dfrac{a}{a+b}$

b にあたる量＝ある量×$\dfrac{b}{a+b}$

1 比の表し方

問題 1　比を求める問題（1）

赤と青の折り紙があります。赤い方は1辺の長さが12cmで，青い方は8cmです。赤い折り紙と青い折り紙の面積の比を求めましょう。

●$a:b$の前の数aを前項，後ろの数bを後項という。

●比の前項と後項に0でない同じ数をかけても，0でない同じ数でわっても，もとの比と等しくなる。

まず，それぞれの面積を求めてから，比に表します。比はもっとも簡単な比にしておきます。

赤い折り紙の面積　$12×12＝144$（cm²）

青い折り紙の面積　$8×8＝64$（cm²）

$$144:64＝9:4$$
└── 前項と後項を16でわる。

答　9：4

比を簡単にするときはこのことを使うんだよ

問題 2　比を求める問題（2）

とおるさんとお兄さんは，2人で手分けして家のへいをぬることにしました。ちょうど半分ずつ担当し，毎日同じ時間ぬりましたが，お兄さんは3日で終わり，とおるさんは5日かかりました。とおるさんとお兄さんが1日にぬるへいの量の比を求めましょう。

●単位あたりの量の比を求めるときは，何を1と考えるかに注意。

同じ面積をぬるのに
とおるさん……5日
お兄さん……3日
だから，答えは
　　　　5：3
と早まってはダメ。
単位あたりの量をきちんと求めること

2人が担当したへいの面積は等しいので，**担当分全体の量を1として1日にぬった量を，それぞれ求めます。**

とおるさん　$1÷5＝\dfrac{1}{5}$
└── 担当分（1）をぬるのに5日かかった

お兄さん　$1÷3＝\dfrac{1}{3}$
└── 担当分（1）をぬるのに3日かかった

$$\dfrac{1}{5}:\dfrac{1}{3}＝3:5$$
└── 前項と後項に15をかけた

答　3：5

確認テスト

❶ 〔時間の比を求める〕

ちあきさんがおばあさんの家へ行くとき，歩いて行くと１時間15分，自転車を使うと40分かかります。自転車を使ったときにかかる時間と，歩いたときにかかる時間の比を求めましょう。 [15点]

❷ 〔きょりの比を求める〕

たかしさんが１km 歩く間に弟は750m 歩きました。たかしさんと弟が同じ時間に歩くきょりの比を求めましょう。 [15点]

❸ 〔液体の比と比の値〕

ジュースの原液を４倍にうすめて，アップルジュースをつくります。次の量の割合を比で表し，その比の値を求めましょう。 [各10点…合計30点]

(1) アップルジュース全体の量と原液の量

(2) 水の量とジュースの原液の量

(3) 水の量とアップルジュース全体の量

❹ 〔所持金の割合と比〕

なつこさんが持っているお金は，お兄さんが持っているお金の $\frac{7}{9}$ です。なつこさんとお兄さんが持っているお金の比を求めましょう。 [20点]

❺ 〔比を簡単にする〕

ひろしさんの家の近くの公園は，縦80m，横100mの長方形で，みほさんの家の近くの公園は，縦110m，横120mの長方形です。ひろしさんの家の近くの公園とみほさんの家の近くの公園の面積の比を，簡単な比で表しましょう。 [20点]

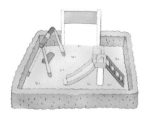

2 比を使った問題

問題 1 比の一方の数量を求める（1）

小麦粉とさとうの重さの比を 7：3 にして混ぜあわせ，ケーキをつくります。さとうを 270g 使うとき，小麦粉は何g混ぜればよいでしょう。

小麦粉を x g 混ぜると考えます。

$$
\overset{\times\triangle}{7 : 3} = \overset{}{x : 270}
$$

$270 \div 3 = 90$　より，$\triangle = 90$ です。

$7 \times 90 = 630$（g）

小麦粉を x g 混ぜると考えます。

$$
\overset{\times\bigcirc}{7} : \overset{\times\bigcirc}{3} = x : 270
$$

$7 \div 3 = \dfrac{7}{3}$　より，$\bigcirc = \dfrac{7}{3}$ です。

$270 \times \dfrac{7}{3} = 630$（g）

答 630g

答 630g

コーチ

●比の性質

「：」の前の数と後ろの数に同じ数をかけても，前の数と後ろの数を同じ数でわっても，比は変わらない。

●等しい比では，「：」の前の数を後ろの数でわった商（比の値）は等しい。

（別の考え方）では，この考え方を使って解いている。

問題 2 比の一方の数量を求める（2）

縦と横の長さの比が 3：5 の旗をつくろうと思います。縦の長さを 48cm にすると，横の長さは何 cm になりますか。

横の長さを x cm とします。

$$
3 : 5 = 48 : x
$$

$48 \div 3 = 16$　　$5 \times 16 = 80$（cm）

答 80cm

横の長さを x cm とします。

$$
3 : 5 = 48 : x
$$

$5 \div 3 = \dfrac{5}{3}$　　$48 \times \dfrac{5}{3} = 80$（cm）

答 80cm

コーチ

●等しい比では，「：」の後ろの数を前の数でわった商は等しい。

（別の考え方）では，この考え方を使って解いている。

比○：△の○と△に同じ数をかけても，○と△を同じ数でわっても，もとの比と等しい。

問題3 2つの比に分ける

3200円を兄と弟で分けます。兄と弟の金額(きんがく)の比を5：3になるようにすると，それぞれ何円になりますか。

コーチ

●ある量(りょう)を $a：b$ の比に分けるときは次のようになる。

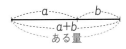

a にあたる量

$$= ある量 \times \frac{a}{a+b}$$

b にあたる量

$$= ある量 \times \frac{b}{a+b}$$

考え方 3200円を5：3の比に分けるのですから，全体を(5＋3)等分して考えます。

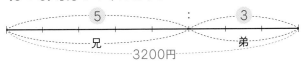

兄……$3200 \times \frac{5}{5 \times 3} = 3200 \times \frac{5}{8} = 2000（円）$

弟……$3200 \times \frac{3}{5 \times 3} = 3200 \times \frac{3}{8} = 1200（円）$

答 兄は2000円，弟は1200円

問題4 3つの比に分ける

右のような旗(はた)があります。赤と青と黄の面積(めんせき)の比が4：3：2となるように色をぬります。それぞれの色の面積を求めましょう。

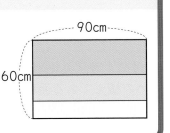

90cm

60cm

コーチ

●3つの量 a, b, c の比を $a：b：c$ と表すことができる。

●ある量を a, b, c の3つの割合(わりあい)に分けるときは，ある量全体を割合の和

（$a+b+c$）

で等分してから考える。

考え方 旗全体の面積は $60 \times 90 = 5400（cm^2）$です。これを4：3：2の割合に分けるのですから，$5400cm^2$ を(4＋3＋2)等分して考えます。

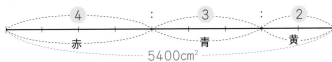

赤……$5400 \times \frac{4}{4+3+2} = 5400 \times \frac{4}{9} = 2400（cm^2）$

青……$5400 \times \frac{3}{4+3+2} = 5400 \times \frac{3}{9} = 1800（cm^2）$

黄……$5400 \times \frac{2}{4+3+2} = 5400 \times \frac{2}{9} = 1200（cm^2）$

答 赤は2400cm²，青は1800cm²，黄は1200cm²

確認テスト①

答え➡別冊11ページ

時間**30**分　合格点**75**点　| 得点 | ／100 |

❶〔比の一方の数量を求める〕
　ある小学校の図書館には，文学の本が2200冊あるそうです。
また，文学の本と科学の本の冊数の比は8：5だそうです。
科学の本は何冊ありますか。　　　　　　　　　　[25点]

❷〔比の一方の数量を求める〕
　青色と黄色のペンキの体積の比が4：7になるように混ぜあわせて緑色のペンキをつくります。黄色のペンキを10.5L使うとき，青色のペンキは何Lいりますか。
　　　　　　　　　　[25点]

❸〔比の一方の数量を求める〕
　はるかさんの家の花だんには，すずらんとあやめが4：5の割合で植えてあります。すずらんが植えてある面積は7.8㎡です。あやめの植えてある面積は何㎡ですか。
　　　　　　　　　　[25点]

❹〔人数の差からもとにする人数を求める〕
　ある学校の男子と女子の人数の比は23：20で，その差は45人です。この学校の女子の人数は何人ですか。
　　　　　　　　　　[25点]

確認テスト②

1 〔リボンを比に分ける〕

2m80cm のリボンを姉と妹で分けるのに，姉と妹のリボンの長さの比が4：3になるようにします。それぞれの長さはどれだけになるでしょう。　　　　　　　[20点]

4：3

2 〔割合がわかっているときの気体の体積〕

空気は，酸素とちっ素をおよそ1：4の割合で混合したものです。0.23m³の空気の中には，酸素が約何 m³ ふくまれていますか。答えは，小数第2位までのがい数で求めましょう。　　　　　　　[20点]

3 〔長方形の縦・横の長さ〕

まわりの長さが32cm の長方形があります。この長方形の縦の長さと横の長さの比は3：5です。この長方形の面積を求めましょう。　　　　　　　[20点]

4 〔三角形の角〕

三角形の3つの角の大きさが3：4：5であるとき，いちばん大きな角の大きさを求めましょう。　　　　　　　[20点]

5 〔比から数を求める〕

赤いボールと白いボールと青いボールがあります。それらの個数の比は，赤：白：青＝2：3：4で，赤いボールと白いボールの和は45個です。赤いボールは何個あるでしょう。また，青いボールは何個あるでしょう。　　　　　　　[20点]

1 シールを，はるかさんは43枚，みほさんは29枚持っています。

はるかさんがみほさんに何枚かあげたので，はるかさんとみほさんのシールの数の比が4：5になりました。はるかさんはみほさんに何枚あげたのでしょう。　[25点]

2 A市，B市の人口の比は5：3で，1km²あたりの人口の比は3：2です。A市とB市の面積の比を求め，もっとも簡単な整数の比で表しましょう。　[25点]

3 兄が7歩あるく間に，弟は5歩あるきます。また，兄が10歩であるく道のりを，弟は11歩であるきます。兄と弟が同じ時間にあるくきょりの比を，もっとも簡単な整数の比で表しましょう。　[25点]

4 2本の棒A，Bがあります。Aの長さとBの長さの比が5：6でした。Aは上から18cmを切り取り，Bは上から$\frac{1}{4}$を切り取ったところ，AとBの残りの棒の長さは等しくなりました。Aの棒のはじめの長さを求めましょう。　[25点]

チャレンジテスト②

答え→別冊13ページ

時間30分 合格点60点

得点 ／100

1 A組の80％とB組の70％の人数が同じです。A組とB組の人数の比をもっとも簡単な整数の比で表しましょう。 [20点]

2 サッカー部の1日の練習で、ひろしさんは3km走りました。

この道のりは、まさきさんが走った道のりの $\frac{3}{5}$ でした。

まさきさんの走った道のりは、ともやさんの走った道のり

の $\frac{2}{3}$ でした。ひろしさんの走った道のりとともやさんの走

った道のりを、もっとも簡単な整数の比で表しましょう。

[25点]

3 A、B2つの整数の比は3：2です。A、B2つの数からそれぞれ15ずつひいた数の比が5：3になります。はじめのAの数を求めましょう。 [25点]

4 右の図のような三角形ABCがあります。

AD：DB＝3：1、AE：EC＝5：2、三角形ADFの面積が9cm² であるとき、次の問いに答えましょう。

[各10点…合計30点]

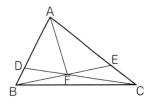

(1) 三角形BFDの面積を求めましょう。

(2) 三角形ABFと三角形BCFの面積の比を求め、三角形BCFの面積を求めましょう。

(3) 三角形ABCの面積を求めましょう。

大仏の大きさは？

答え→101ページ

まさひろさんは，奈良の東大寺へ行きました。
そこの大仏が大変大きいのにびっくりしたまさひろさんは，どのくらい大きいのか，ちょっと自分と比べてみることにしました。

	顔の長さ	座高	足の大きさ
まさひろさん	21cm	80cm	23cm
大　仏	5.3m	15m	3.7m

お・お・き・い…

① まさひろさんの身長は150cmです。座高と身長の比が等しいとしたら，大仏の身長はいくらと考えられるでしょう。

② まさひろさんの目の長さ（はば）は4cmです。顔の長さと目の長さの比が等しいとしたら，大仏の目の長さはいくらでしょう。

6 拡大図と縮図

★ 拡大図と縮図

- ▶ **拡大図**
  ある図形の, どの部分の長さも同じ割合にのばした図。

- ▶ **縮　図**
  ある図形の, どの部分の長さも同じ割合に縮めた図。

★ 拡大図と縮図の性質

拡大図, 縮図をもとの形と比べると

- ▶ **対応する辺の長さの比はすべて等しい**
- ▶ **対応する角の大きさはすべて等しい**

対応する辺の長さが

　もとの図の2倍……2 倍の拡大図

　もとの図の $\frac{1}{2}$ …… $\frac{1}{2}$ の縮図

★ 拡大図・縮図のかき方

- ▶ 1目の長さを, 決まった割合にのばしたり縮めたりした方眼を使う。
- ▶ 三角形に分割して, 辺や角の大きさを調べる。
- ▶ 1つの点を中心に, 拡大・縮小を使う。

★ 拡大図・縮図の面積

- ▶ ある図形の 2 倍, 3 倍, …の拡大図の面積は, もとの面積の 2×2(倍), 3×3(倍), …になる。

- ▶ ある図形の $\frac{1}{2}$, $\frac{1}{3}$, …の縮図の面積は, もとの面積の $\frac{1}{2} \times \frac{1}{2}$, $\frac{1}{3} \times \frac{1}{3}$, …になる。

★ 縮図の利用

- ▶ **縮　尺**
  縮図で長さをちぢめた割合。表し方は次の通り。

  $\frac{1}{5000}$, 1：5000, [0　　50　100m]

- ▶ 縮図上の長さと実際の長さ

  縮図上の長さ
  ＝実際の長さ×縮尺

  実際の長さ
  ＝縮図上の長さ÷縮尺

拡大図と縮図

問題1 拡大図と縮図の性質

辺や角の大きさを調べて右の三角形の2倍の拡大図と$\frac{1}{2}$の縮図をかきましょう。

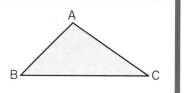

コーチ

●三角形の拡大図・縮図のかき方は3通りある。

2辺とその間の角を調べる

1辺とその両はしの角を調べる

3辺を調べる

考え方

2倍の拡大図　$\begin{cases}\text{対応する辺：2倍}\\\text{対応する角：等しい}\end{cases}$

$\frac{1}{2}$の縮図　$\begin{cases}\text{対応する辺：}\frac{1}{2}\\\text{対応する角：等しい}\end{cases}$

辺AB＝2cm，角B＝45°，辺BC＝3.5cm

答 下の図

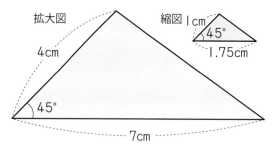

問題2 拡大と縮小——1つの点を中心にして

右の四角形GBEFは，四角形ABCDを2倍に拡大したものです。また，四角形JBHIは四角形ABCDを$\frac{1}{2}$に縮小したものです。点Gと点Jはどのようにして決めたのでしょうか。

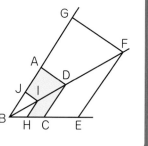

コーチ

●ある1点を決め，その点とそれぞれの頂点を結んだ直線を，○倍して拡大図を，$\frac{1}{○}$して縮図をかく。

●このような方法をある1点（決めた点）を中心にした拡大図・縮図という。

考え方

拡大図や縮図をかくときに，もとになる図形の中の1つの点を決め，その点からのきょりをのばしたり縮めたりしてかく方法があります。

BGはBAの2倍，BFはBDの2倍，BEはBCの2倍

BJはBAの$\frac{1}{2}$，BIはBDの$\frac{1}{2}$，BHはBCの$\frac{1}{2}$

答 点G…BAを2倍した点，
　　　点J…BAを2等分した点

確認テスト

1〔拡大・縮小の性質〕

右の図を見て答えましょう。

[各10点…合計20点]

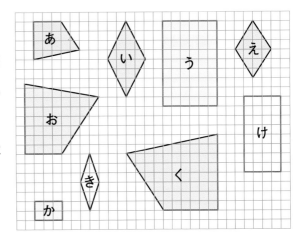

(1) 拡大図と縮図の関係になっている
図形をすべてあげましょう。

(2) 3倍の拡大図, $\frac{1}{3}$ の縮図の関係に
なっているのはどれですか。

2〔拡大図・縮図をかく〕

いくつかの三角形に分けて 2 倍の拡大図と $\frac{1}{2}$ の縮図
をかきましょう。

[40点]

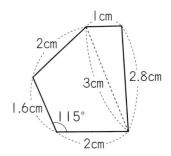

3〔拡大図・縮図をかく〕

点 A を中心として 2 倍の拡大図と $\frac{1}{2}$ の縮図をかきましょう。

[40点]

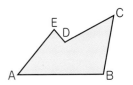

2 縮図の利用

問題 1 縮図と縮尺

右の地図は，あやみさんの町の地図です。学校から病院までは，1.5cm で表されていますが，実際には 600m あります。
この地図の，縮小した割合を求めましょう。

●縮図で実際の長さをちぢめた割合が縮尺である。
●縮尺の表し方には次のようなものがある。
① $\dfrac{1}{40000}$
② 1：40000
③ 0　　400　800m

 考え方

600m を 1.5cm にちぢめているので，単位をそろえて，ちぢめた割合を求めます。
600m＝60000cm ですから，ちぢめた割合は，

$$1.5 \div 60000 = \frac{\overset{1}{1.5}}{\underset{4}{60000}} = \frac{1}{40000}$$

答 $\dfrac{1}{40000}$

問題 2 測量

川の向こうに風車小屋があります。Cの地点から風車小屋を見ると，右の図のようでした。川のはばは約何mでしょう。

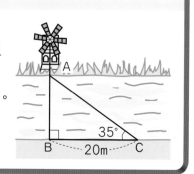

コーチ

●縮図を利用すれば，木の高さや川のはばなど，直接はかれないようなものの長さをはかることができる。

縮尺 ＝ $\dfrac{\text{地図上の長さ}}{\text{実際の長さ}}$

地図上の長さ
＝実際の長さ × 縮尺

 考え方

実際の長さ＝縮図上の長さ÷縮尺を使います。
三角形 ABC の縮図をかいて，AB の長さをはかります。
右の図は
$\dfrac{1}{400}$ の縮図です。
AB をはかると，3.5cm です。

3.5 × 400
＝1400（cm）
1400cm＝14m

答 約14m

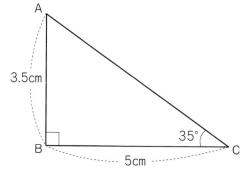

確認テスト

1 〔縮尺をかえる〕

縮尺が $\dfrac{1}{400}$ の地図の上で 8cm のきょりは，縮尺が $\dfrac{1}{2000}$ の地図の上では何 cm になるでしょう。　　　　　　　　　　　　　　　　　　　　　　　　　　　[20点]

2 〔実際のきょりを比べる〕

縮尺が $\dfrac{1}{50000}$ の地図の上で 9mm の長さになるきょりと，縮尺が $\dfrac{1}{2500}$ の地図の上で 20cm の長さになるきょりとは，実際にどちらがどれだけ長いことになりますか。　　　　　　　　　　　　　　　　　　　　　　　　　　　[20点]

3 〔実際の土地の面積を求める〕

縮尺が 1：50000 の地図の上で，1 辺が 2cm の正方形の土地があります。

[各15点…合計30点]

(1) この土地の実際の 1 辺の長さは何 m でしょう。
(2) この土地の面積は，実際には何 ha でしょう。

4 〔測量〕

縮図をかいて求めましょう。　　　　　　　　　　　　　　　　　　　[各15点…合計30点]

(1) ビルの高さはおよそ何 m でしょう。

(2) 池の横はばはおよそ何 m でしょう。

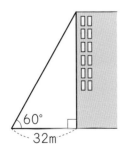

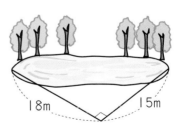

チャレンジテスト①

1 右の図で，三角形 ADE は三角形 ABC の $\dfrac{2}{5}$ の縮図です。

[各10点…合計40点]

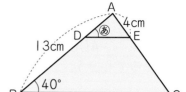

(1) 辺 BC の長さは辺 DE の長さの何倍でしょう。

(2) 辺 AC の長さは何 cm でしょう。

(3) 角あは何度でしょう。

(4) 三角形 ADE の 2 倍の拡大図をかいたとき，辺 AD に対応する辺は何 cm になるでしょう。

2 下の文の　　　　に入る数を求めましょう。

[各10点…合計30点]

(1) 縮尺が　　　　の地図の上で 36cm² の正方形になる土地の実際の面積 は，900m² です。

(2) 縮尺が 1：2500 の地図で 12cm はなれている病院と市役所の間のきょりは　　　　m です。

(3) 縮尺 $\dfrac{1}{25000}$ の地図上で 9cm のきょりは，縮尺 $\dfrac{1}{30000}$ の地図上では　　　　cm になります。

3 ある都市は，東西約 90km，南北約 40km の広がりがあります。
　いま，下の図のような長方形の紙に都市全体がなるべく大きく入るように地図を作るとすると，⑦〜①の縮尺のうちどれがいちばんよいですか。

[30点]

⑦ 10 万分の 1
④ 15 万分の 1
⑦ 20 万分の 1
① 25 万分の 1

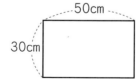

チャレンジテスト②

時間**30**分　合格点**60**点　得点 ／**100**

1 右の図は，ある旅館のしき地の地図です。この地図の縮尺が $\frac{1}{1200}$ のとき，次の問いに答えましょう。

[各10点…合計40点]

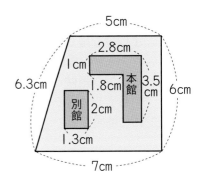

(1) 本館の面積を求めましょう。
(2) 本館の面積は，別館の面積の約何倍ですか。
(3) しき地のまわりの長さはどれだけですか。
(4) しき地の面積は何 a ですか。

2 はるかさん，なつきさん，あきなさんは，それぞれ縮尺のちがう，同じ地域の地図をもっています。はるかさんの地図は 20000 分の I，なつきさんの地図は 18000 分の I で，あきなさんの地図の縮尺はわかりません。

[各20点…合計40点]

(1) はるかさんの地図で 3.6cm はなれている 2 点は，なつきさんの地図では何 cm はなれていますか。
(2) 実際の長さが 200m のまっすぐなトンネルを，はるかさんとあきなさんの地図ではかると，1.5cm の差がありました。あきなさんの地図の縮尺を求めましょう。

3 右の図のように木のかげが A から D までできました。このとき，2m の棒を垂直にたてたかげが 2m あったとすると，この木の高さは何 m ありますか。　[20点]

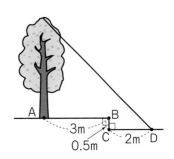

オレンジ姫を救い出せ！

答え➡101ページ

オレンジ姫が，海賊マップにさらわれスーサン島に連れていかれました。オレンジ姫はどこに閉じこめられているでしょう。てがかりは島の人の話と地図です。

ノース岬の見はり台からサウス湾の見はり台までは20kmさ。

姫はゆうれい城の入口から 9.4km 以内のところにいるのよ。

姫はマップの家から 4.8km 以内のところにいるそうだよ。

姫はねむり池の人魚の像から 6km 以内のところにいるんじゃ。

7 角柱や円柱の体積

教科書の
まとめ

★ 角柱や円柱の体積

▶ **角柱や円柱の体積**

体積＝<u>底面積</u>×高さ

角柱では多角形
（三角形，四角形，…）
円柱では円

★ 組み合わさった立体の体積

▶ 2つの立体を加える場合

例

上の円柱を Ⓐ，下の円柱を Ⓑ とする

体積＝（Ⓐの体積）＋（Ⓑの体積）

▶ ある立体から別の立体をひく場合

例

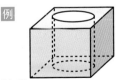

外側の四角柱を Ⓐ，くりぬいた円

柱を Ⓑ とする。

体積＝（Ⓐの体積）－（Ⓑの体積）

1 角柱や円柱の体積

問題❶ 角柱の体積

右の図の角柱の体積（たいせき）を求（もと）めましょう。

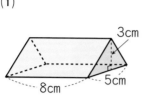

(1) 3cm 8cm 5cm

(2) 2cm 5cm 7cm 2cm

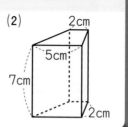

コーチ

●角柱の体積（たいせき）
＝底面積×高さ

●いつも底面が下になっているとはかぎらない。
底面と高さがどこになるか，しっかり問題を見ぬくことが大切。

考え方 角柱の体積＝底面積（ていめんせき）×高さ

(1) 横向きですが，底面は三角形で，高さが8cm。

$$5 \times 3 \times \frac{1}{2} \times 8 = \frac{5 \times 3 \times \overset{4}{8}}{2} = 60$$

答 60cm³

（底面積）

(2) 底面は台形になっています。高さは7cm。

$$(2+5) \times 2 \times \frac{1}{2} \times 7 = \frac{7 \times 2 \times 7}{2} = 49$$

答 49cm³

問題❷ 円柱の体積

次の問いに答えましょう。ただし円周率（えんしゅうりつ）は3.14とします。

(1) 底面の半径（はんけい）が5cm，高さが12cmの円柱の体積を求めましょう。

(2) 体積が282.6cm³，高さが10cmの円柱の底面の直径を求めましょう。

コーチ

●円柱の体積
＝底面積×高さ

●円柱の体積
＝底面の半径
　×底面の半径
　×3.14×高さ
と考えることもできる。

考え方 円柱の体積＝底面積×高さ
＝（底面の半径×底面の半径×3.14）×高さ

(1) 体積を求める式を使います。

$$5 \times 5 \times 3.14 \times 12 = 942$$

答 942cm³

(2) 体積が282.6cm³，高さが10cmということから，まず底面積を求めます。次に底面積＝半径×半径×3.14を使います。

$$282.6 \div 10 = \underline{28.26}$$

（底面積，底面の形は円）

$$28.26 \div 3.14 = \underline{9}$$

（半径×半径）

3×3＝9だから半径は3cm

$$3 \times 2 = \underline{6}$$

（直径）

答 6cm

確認テスト

1 〔展開図と体積〕
右のような展開図を組み立てて立体をつくります。

[各10点…合計20点]

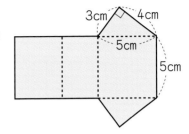

(1) できる立体の名前は何でしょう。
(2) できる立体の体積を求めましょう。

2 〔角柱を組み合わせた立体の体積〕
右の図のような, 角柱の一部が欠けた立体の体積を求めましょう。

[20点]

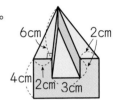

3 〔立体の切断〕
ねん土でつくった, 1辺の長さが4cmの立方体を, 図のように平面で切ります。

[合計30点]

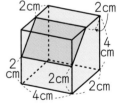

(1) 小さい方の立体の体積を求めましょう。 (10点)
(2) 大きい方の立体の形をかえて高さが10cmの三角柱にします。
底面の三角形の面積を求めましょう。 (20点)

4 〔円柱の容器の入れかえ〕
右の図のような円柱形の容器AとBがあります。Aの容器に水を9cmの深さまで入れて, これをBの容器にうつしかえると, Bの容器の深さは何cmになりますか。

[30点]

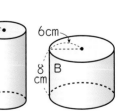

チャレンジテスト

答え → 別冊17ページ

時間 **40**分　合格点 **60**点　得点 ／100

1 次のような，真正面から見た図や真上から見た図で表される立体の体積を求めましょう。

[各20点…合計60点]

(1)
6cm
3cm
9cm
3.7cm 3cm 3.3cm

(2)
10cm
2.5cm

(3)
15cm
20cm
8cm

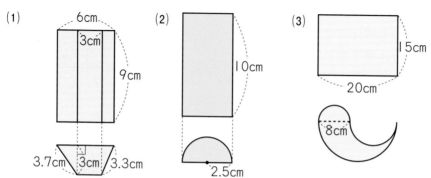

2 右の図のように，ある直方体から三角柱をとります。

まず，面アイウエを対角線アウを通る平面で底面に垂直に切ります。次に，辺イウを辺イコと辺コウの長さが１：２となるように点コをとり，点コを通り面アオカイに平行になる平面で切ります。

こうしてできた三角形ケコウを底面とする三角柱の体積は何cm³ ですか。

[20点]

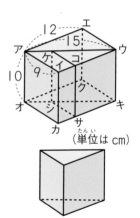

（単位は cm）

3 底面の直径が 20cm（内径）の円柱の容器に水を 10000cm³ 入れたところ深さが 31.8cm となりました。この実験の結果から円周率を小数第 4 位を四捨五入して，小数第 3 位まで求めなさい。

[20点]

8 比例と反比例

教科書のまとめ

★ 比例（正比例）

▶ **比例の意味**

2つの量 x と y があって，x の値が 2 倍，3 倍，…になると，それにともなって y の値も 2 倍，3 倍，…になるとき，y は x に比例する（正比例する）という。

2倍　3倍

時間 x（分）	1	2	3	4	…
進んだ距離 y（m）	75	150	225	300	…

2倍　3倍

▶ **比例（正比例）の式**

対応する x と y の値の商は，いつも決まった数になる

$y \div x = $ 決まった数
$y = $ 決まった数 $\times x$

▶ **比例（正比例）のグラフ**

比例する2つの量の関係を表すグラフは，0 の点を通る直線になる。

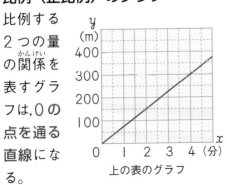

上の表のグラフ

★ 反比例

▶ **反比例の意味**

2つの量 x と y があって，x の値が 2 倍，3 倍，…になると y の値が $\frac{1}{2}$，$\frac{1}{3}$，…になるとき，y は x に反比例するという。

2倍　3倍

時速 x（km）	10	20	30	…
かかる時間 y（時間）	2	1	$\frac{2}{3}$	…

$\frac{1}{2}$　$\frac{1}{3}$

▶ **反比例の式**

対応する x と y の値の積は，いつも決まった数になる

$x \times y = $ 決まった数
$y = $ 決まった数 $\div x$

▶ **反比例のグラフ**

反比例する2つの量の関係を表すグラフは，なめらかな曲線になる。

上の表のグラフ

1 比例と反比例

問題 1 比例のグラフ

右のグラフは針金の長さと重さを表したものです。

(1) 針金3mの重さを求めましょう。

(2) 重さ20gの針金の長さを求めましょう。

(3) 針金10mの重さは何gですか。

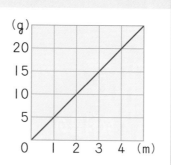

●ともなって変わる2つの量 x と y があって，x が2倍，3倍，…になると，y も2倍，3倍，…になるとき，y は x に比例するという。

●y が x に比例するとき，対応する y と x の商（$y \div x$）はいつも決まった数になる。

$y \div x =$ 決まった数

●グラフから値を正しく読みとります。値を読みとれない場合は，グラフから2つの量の関係を式で表して求めます。

考え方

(1) 右の図の赤の線で示したとおり。　**答** 15g

(2) 右の図の緑の線で示したとおり。　**答** 4m

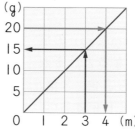

(3) グラフから，比例していることがわかります。また，1mのとき5gだから，重さ(g)＝5×長さ(m) となります。
10mのときの重さは，　5×10＝50(g)　**答** 50g

問題 2 反比例のグラフ

右のグラフは，周囲が600mの公園を1周するときの，分速とかかる時間の関係を表したものです。

(1) 分速40mで1周すると，何分かかりますか。

(2) 30分で1周するには，分速何mで行けばいいでしょう。

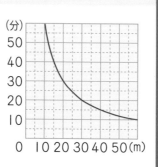

●ともなって変わる2つの量 x と y があって，x が2倍，3倍，…になると，y が $\dfrac{1}{2}$，$\dfrac{1}{3}$，…になるとき，y は x に反比例するという。

●y が x に反比例するとき，対応する x と y の値の積（$x \times y$）はいつも決まった数になる。

$x \times y =$ 決まった数

考え方

(1) 横軸が40のところの縦軸の目もりを読みとります。　**答** 15分

(2) 縦軸が30のところの横軸の目もりを読みとります。　**答** 20m

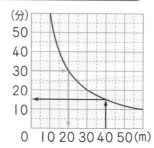

確認テスト

① 〔比例の性質〕
底辺の長さが6cmである三角形で，高さ x cmと面積 y cm² の関係を考えます。

[合計30点]

(1) x と y の関係を表に表しました。あいているところに数を書き入れましょう。 (10点)

高さ x (cm)	1	2	3	4	5	6
面積 y (cm²)						

(2) x と y の関係をグラフに表しましょう。 (20点)

② 〔比例の式〕
次の2つの数量，x と y の関係を式に表しましょう。 [各10点…合計20点]

(1) 1cm³ が6.8gの金属の体積 x cm³ と重さ y g
(2) 分速850mで走る自動車の走った時間 x 時間と進んだ道のり y km

③ 〔反比例の性質とグラフ〕
容積が36Lの水そうに，1分間に x Lずつ水を入れると，いっぱいになるまでに y 分かかります。

[合計30点]

(1) x と y の関係を表に表しました。あいているところに数をかき入れましょう。 (10点)

1分間に入れる水の量 x (L)	1	2		4			12	36
かかる時間 y （分）			12		6	4		2

(2) x と y の関係をグラフに表しましょう。 (20点)

④ 〔反比例の式〕
次の2つの数量，x と y の関係を式に表しましょう。

[各10点…合計20点]

(1) 30Lのジュースを何人かで分けるときの，人数 x 人と
1人あたりの量 y L
(2) 480kmはなれた地点へ自動車で行くときの，自動車の
時速 x kmとかかる時間 y 時間

2 比例の問題

問題 1 比例の問題（1）

くぎを1kg買いました。20本取り出して重さをはかると95gでした。このくぎ1kgの本数は約何本でしょう。

考え方 くぎの重さと本数は比例します。比例の関係を使って考えましょう。

「決まった数」を求める

本数 x（本）	20	…	?
重さ y（g）	95	…	1000

「決まった数」倍になる

決まった数＝95÷20＝4.75

y＝決まった数×x の式にあてはめると，

1000＝4.75×x

x＝1000÷4.75＝210.5…（本）

答 約210本

●2つの数量 x, y が比例しているとき，まず，決まった数を求めて，比例の式にあてはめる。

$\frac{1}{10}$ の位を四捨五入して「211本」とするのは，まちがいではないがあまりよくない。

問題の数は，1けた，および2けたなので，答えを211本と3けたにしても意味がない。

問題 2 比例の問題（2）

3mが1800円のリボン5m買うといくらでしょう。

(1) 1mの値段をもとにして計算しましょう。

(2) 5mが3mの何倍かをもとにして計算しましょう。

考え方 リボンの長さと代金は比例します。

×1 2/3

長さ x（m）	3	…	5
代金 y（円）	1800	…	?

×600　×600になる

×1 2/3 にする

(1) 表を縦に見て，**決まった数（1mの値段）×5** として求めます。

1mの値段は 1800÷3＝600（円）

600×5＝3000（円）　　　　　　　　**答** 3000円

(2) 表を横に見て，5の3に対する**割合**を求め，1800×割合として求めます。

$1800 \times 1\frac{2}{3} = \overset{600}{1800} \times \frac{5}{3} = 3000$（円）　　**答** 3000円

●決まった数を使う方法は，比例（正比例）の式から求める方法

y＝決まった数×x

●割合を使う方法は，比例（正比例）の性質から求める方法

xが2倍，3倍，…

yも2倍，3倍，…

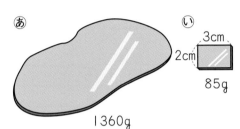

確認テスト

1　〔ガソリンと走れる道のり〕

　1Lのガソリンで10km走る自動車があります。32kmの道のりを走るのに，何L
のガソリンがいるでしょう。　　　　　　　　　　　　　　　　　　　[15点]

2　〔銅板の重さ〕

　右のような，厚さの等しい銅板があります。
これと同じ銅板でつくった◯いの長方形の重さは
85gでした。◯あの銅板の面積を求めましょう。
　　　　　　　　　　　　　　　　　　[20点]

あ
1360g

い
3cm
2cm
85g

3　〔同じこさのさとう水をつくる〕

　32gの水に8gのさとうをとかしてさとう水をつくり
ました。これと同じこさのさとう水を145gつくるには何
gのさとうが必要ですか。　　　　　　　　　　[20点]

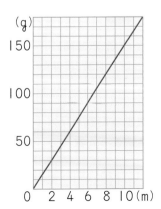

4　〔比例のグラフ〕

　右のグラフは，針金の長さと重さの関係を表したもの
です。次の問いに答えましょう。　　　[各15点…合計45点]

(1)　この針金5mの重さは何gですか。

(2)　この針金の値段は1kgにつき400円です。

　①　100円では，針金を何m買うことができるでしょう。

　②　針金を20m買うと，代金はいくらかかるでしょう。

(g)
150
100
50
0　2　4　6　8　10(m)

3 反比例の問題

問題 1 反比例の問題(1)

トラクター6台を使うと4時間でたがやせる畑があります。この畑を8台のトラクターでたがやすと，何時間でたがやすことができるでしょう。

● 2つの数量 x, y が反比例しているときは，まず，決まった数を求めて，反比例の式にあてはめる。

トラクターの台数とかかる時間は反比例します。反比例の関係を使って考えましょう。

トラクター x(台)	6	…	8
時　間　y(時間)	4	…	?

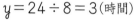

24
「決まった数」を求める

かけあわせると「決まった数」になる

決まった数＝6×4＝24

y＝決まった数÷x　の式にあてはめると，

y＝24÷8＝3(時間)

答 3 時間

問題 2 反比例の問題(2)

毎日7時間ずつ働くと15日で仕上がる仕事があります。この仕事を予定より3日早く仕上げるとしたら，毎日何時間何分ずつ働かなくてはならないでしょう。

● 2つの数量 x, y が反比例するとき
● 決まった数＝$x × y$
● $y = \dfrac{\text{決まった数}}{x}$
● $x = \dfrac{\text{決まった数}}{y}$

1日に働く時間と仕上げるのにかかる日数とは反比例します。3日早く仕上げるということは12日で仕上げるということです。

働く時間 x(時間)	7	…	?
仕上げる日数 y(日)	15	…	12

かけあわせた数　　かけあわせた数

等しい

決まった数＝7×15＝105

x＝決まった数÷y　の式にあてはめると，

$x = 105 \div 12 = \dfrac{\overset{35}{105}}{\underset{4}{12}} = 8\dfrac{3}{4}$(時間)＝8(時間)45(分)

答 8 時間 45 分

確認テスト

1 〔時速とかかる時間〕
ゆきさんの家からおじさんの家まで行くのに，時速14kmで行くと4時間かかります。この道のりを3.5時間で行くには，時速何kmで行けばいいでしょう。　[15点]

2 〔辺の長さと面積〕
縦の長さが14m，横の長さが9mの花だんがあります。この花だんの面積を変えずに縦の長さを4m長くすると，横の長さは何mになりますか。
[15点]

3 〔仕事を仕上げる日数〕
ある機械を7台使うと12時間で仕上がる折りこみの仕事があります。この機械をもう1台入れると，この仕事は何時間何分で仕上がるでしょう。　[20点]

4 〔分ける人数と分量〕
ジュースが1800mLあります。8人で分けたときと10人で分けたときでは，1人分のジュースの量はどれだけちがうでしょう。　[20点]

5 〔歯車の回転数とその時間〕
歯数25の歯車が毎秒8回転している。これに歯数64の歯車がかみあって回転しています。
歯数64の歯車が100回転するのに，□秒かかります。　[30点]

1 長さ18cmのろうそくがあります。毎分1.2cmの割合でx分間燃えたとき，残りのろうそくの長さを$y$cmとします。ろうそくの長さが，はじめの半分になるのは，燃え始めてから何分何秒後でしょう。　　[10点]

2 ガソリン1.3Lで11km走る自動車があります。この自動車で70kmはなれたA市へ行くには，最低何Lのガソリンが必要でしょう。整数値で答えましょう。

[10点]

3 yがxに反比例しています。いまxの値が25%増すとき，yの値はいままでの値の何%になるでしょう。　　[20点]

4 80gの食塩をとかした480gの食塩水に水720gを加えてうすめました。あと何gの食塩を入れると，初めのこさと同じこさの食塩水になるでしょう。　　[20点]

5 右の図のように歯数がそれぞれ24，20，48の歯車A，B，Cがあり，B上のPとC上のQは現在いっちしています。Aを2分間に5回の速さで回転させるとき，Bは2分間で何回転しましたか。また，PとQが再びいっちするのは，何分後ですか。　　[40点]

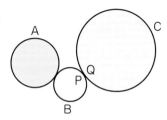

チャレンジテスト②

答え→別冊19ページ

時間**40**分　合格点**60**点　得点／**100**

1 かみ合ってまわる A と B の歯車があります。A の歯数は 30，B の歯数は 42 で，A が x 回まわると B は y 回まわります。このとき，x と y との関係を表す式を求めると，

$y =$ [　　　　　　　] となります。　　　　　　　　　　　　　　　［20点］

2 右のグラフは，バスの走った時間 x 分と，走った道のり $y$km の関係を表しています。次の問いに答えなさい。

［各10点…合計20点］

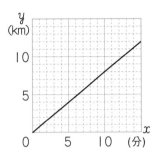

(1) このバスの速さは時速何 km ですか。

(2) このバスが 28km 走るのに何分かかりますか。

3 気温は，地上から 10km ぐらいまでは，100m 高くなるごとに，0.6℃ずつ下がっていきます。地上の気温が 30℃のとき，気球に乗った人が気温を調べたら 21℃でした。

この人は地上から何 m のところにいますか。　　　［20点］

4 時速 $a$km で走り続けると，10km 走るごとに $\dfrac{a}{30}$ L のガソリンを消費する車があります。この車には 40L のガソリンを入れてあり，とちゅうで補給しないものとして，次の問いに答えなさい。

［合計40点］

(1) 時速 60km で走り続けると何 km 先まで行けますか。　　　　　　　　　(10点)

(2) 一定の速度で 250km 走って，ちょうどガソリンがなくなりました。このときの速さは時速何 km ですか。　　　　　　　　　(15点)

(3) 一定の速度で 7 時間 30 分走り続けて，ちょうどガソリンがなくなりました。このときの速さは時速何 km ですか。　　　　　　　　　(15点)

小　町　算

答え → 101ページ

1，2，3，4，5，6，7，8，9 の数字の間に，＋，−，×，÷，（　）の記号をくふうして入れ，答えを決まった数にする計算を，「小町算」といいます。

次の式は，答えが 100 になる小町算です。

🌸 にあてはまる記号を求め，式を完成させましょう。

 123🌸45🌸67🌸89＝100

 123🌸45🌸67🌸8🌸9＝100

 12🌸3🌸4🌸5🌸6🌸78🌸9＝100

 12🌸3🌸4🌸5🌸6🌸7🌸89＝100

 1🌸23🌸4🌸56🌸7🌸8🌸9＝100

 1🌸2🌸3🌸4🌸5🌸6🌸78🌸9＝100

9 資料の調べ方

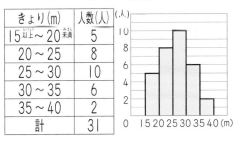

☆ 代表値

> ▶ **平均**
>
> いくつかの量を平らにならしたもの
>
> $$平均 = \frac{資料の値の和}{資料の個数}$$
>
> ▶ **中央値**
>
> 資料を大きさの順に並べたときの中央の値。
>
> ▶ **最ひん値**
>
> 資料の中で最も多く出てくる値。

☆ ちらばりを表す表とグラフ

> ▶ **ちらばりを表す表**
>
> 資料が，どのようなはんいに，どのようにちらばったりかたまったりしているかを調べるための表
>
> ▶ **ちらばりを表すグラフ**
>
> はんいごとに数量を表すグラフ。柱状グラフ（ヒストグラム）という。
>
> 例　ボール投げの記録の表とグラフ

きょり(m)	人数(人)
15以上～20未満	5
20～25	8
25～30	10
30～35	6
35～40	2
計	31

1 資料の整理

コーチ

問題1 平均

下の表は，かずきさん，ひろとさんのテストの点数です。
どちらの成績がよいですか。平均を比べて答えましょう。

	国 語	社 会	算 数	理 科
かずき	88	80	84	92
ひろと	100	72	64	80

●平均の意味

この問題で，2人の成績を比べるときに教科ごとに比べても全体の成績のちがいがわかりません。平均で比べると，かずきさんの成績の方が上のようです。平均はこのように1つ1つでは比べることのできないときに用いると便利です。

考え方 教科によって点数の上下がありますから，平均を求めて比べましょう。

[かずきさんの場合]

点数を合計すると　88＋80＋84＋92＝344

平均すると　344÷4＝86（点）

[ひろとさんの場合]

（100＋72＋64＋80）÷4＝79（点）　　 **答** かずきさん

コーチ

問題2 柱状グラフ（ヒストグラム）

6年1組の女子の50m走の記録を右のような表に表しました。これを柱状グラフに表しましょう。

（6年1組の女子の50m走の記録）

タイム（秒）	人数（人）
8.0以上〜 8.5未満	2
8.5　〜9.0	6
9.0　〜9.5	3
9.5　〜10.0	1
合　　計	12

●ちらばりをグラフに表すときは，柱状グラフにするとよい。

●柱状グラフでは，資料の特ちょうがわかりやすい。

考え方 タイムを横軸に，人数を縦軸にとってグラフをかきます。
柱状グラフ（ヒストグラム）に表すと，ちらばりの様子がよりわかりやすくなります。

 答 右の表

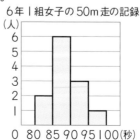

確認テスト

① 〔平均〕

あゆむさんとかずとさんの家では，にわとりをかっています。ある1日に，にわとりが産んだ卵の重さを調べると右の表のようになりました。単位はgです。どちらのにわとりのほうが重い卵を産んでいると言えますか。 [20点]

| あゆむ | 64 | 58 | 53 | 48 | 46 | 61 | |
| かずと | 67 | 63 | 70 | 57 | 52 | 48 | 56 |

② 〔代表値〕

右の表は6年4組35人全員の漢字小テストの結果をまとめたものです。 [合計30点]

(1) 20点をとった人は何人になるでしょう。(5点)

(2) 平均点は何点になるでしょう。(5点)

(3) 中央値は何点でしょう。(10点)

(4) 最ひん値は何点でしょう。(10点)

得点（点）	人数（人）
50	6
40	11
30	8
20	
10	4
0	1

③ 〔ちらばりを表す表とグラフ〕

右の表はあるクラスのソフトボールなげの記録です。 [合計50点]

(1) きょりを5mごとに区切って，右の表をわかりやすい表に整理しましょう。(20点)

(2) 柱状グラフに表しましょう。(20点)

(3) まさこさんはクラスで13番目に長いきょりを投げました。何m以上何m未満のはんいにいるでしょう。(10点)

番号	きょり(m)	番号	きょり(m)	番号	きょり(m)	番号	きょり(m)
①	33	⑪	44	㉑	19	㉛	30
②	42	⑫	24	㉒	32	㉜	36
③	43	⑬	39	㉓	25	㉝	30
④	34	⑭	23	㉔	24	㉞	28
⑤	27	⑮	38	㉕	23	㉟	25
⑥	38	⑯	31	㉖	21	㊱	26
⑦	27	⑰	39	㉗	19	㊲	34
⑧	33	⑱	30	㉘	22	㊳	28
⑨	32	⑲	33	㉙	21	㊴	33
⑩	44	⑳	25	㉚	31	㊵	22

チャレンジテスト

1 右の表は、たかしさんとゆうたさんの小テストの成績です。テストは 10 点満点です。どちらの成績のほうがよいですか。　[20点]

	月	火	水	木	金
たかし	7	8	6	9	7
ゆうた	8	7	9	8	7

2 あるクラスで、1 人ひとりがそれぞれ大小 2 つのサイコロを投げました。次の表は、その結果出た目の数ごとの人数を表しています。次の問いに答えなさい。

[各10点…合計50点]

(1) このクラスの人数は何人ですか。

(2) 小さなサイコロで 3 以下の目の数を出した人は全体の何％ですか。

(3) 小さなサイコロの出た目の数の平均はいくらですか。

(4) 大小 2 つのサイコロの出た目の数の和が 9 以上だった人は何人ですか。

(5) 大きなサイコロが、小さなサイコロより大きい目を出した人は何人ですか。

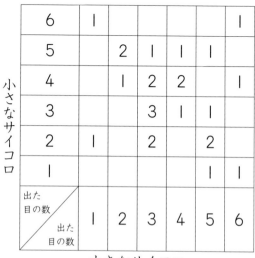

3 右のグラフは、ある学校の 6 年生全員の身長を調べ柱状グラフ（ヒストグラム）で表したものですが、柱の境界線も縦軸と横軸の目盛りもわからなくなっていたので、グラフの周りの長さをはかってみました。その結果は右の表に記入してあります。6 年生の人数は全部で 50 人ということと、A と B の目盛りはそれぞれ 125 と 165 であることはわかっています。

[各10点…合計30点]

(1) グラフ（ア）の目盛りはいくらになりますか。

(2) このグラフの柱全部の面積は何 cm² になりますか。

(3) 身長が（ア）cm 以上 165cm 未満の人は何人ですか。

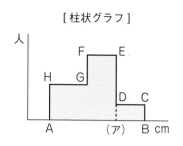

[表] 長さの単位は cm です。

AB	BC	CD	DE	EF	FG
8.0	1.6	2.4	4.8	2.4	2.4

10 場合の数

★ 場合の数

あることがらのおこり方が何通りある
かを1つ1つ数えていくことを, 場合の
数を数えるという。

例 とおるさんが, サッカーで3本のシ
ュートをする。その時のシュートの入
り方は下のようになる。

〇…入った ×…入らない

（1回目） （2回目） （3回目）

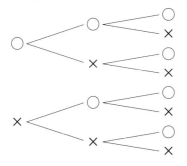

★ 並べ方の数

いくつかのものの中から何個かを選び,
順序を考えて1列に並べるとき, 何通
りの並べ方があるかを考える。

例 　A, B, C, の3人から2人を選んで
班長と副班長とする場合,

　　　　　　　　　…班長　　…副班長

A B　B A　……A, Bを選んだ場合

B C　C B　……B, Cを選んだ場合

C A　A C　……C, Aを選んだ場合

の6通りある。

★ 組み合わせ方の数

いくつかのものの中から何個かを選び,
組み合わせ方を考えるとき, 何通りの
ちがった組み合わせ方ができるかを考
える。

例 　A, B, C, の3人のうち2人で小鳥
当番をする場合,

AとB　AとC……Aと組になる人

BとC　　　　……Bと組になる人

の3通りある。

1 並べ方と組み合わせ方

問題1 並べ方

右のような4枚のカードがあります。このうち3枚を使ってできる3けたの数字は何通りでしょう。

 考え方 まず，百の位の数字を決めて，次に十の位，一の位の順に決めていきます。

 コーチ

●並べ方が何通りあるか調べるときは，思いつきやひらめきで並べるのではなく，表や図を使って順序よく並べる。

●左のような図を樹形図という。樹形図は並べ方を考えるときに便利である。

```
2 ─┬─ 0 ─┬─ 4 ……… 204
   │      └─ 6 ……… 206
   ├─ 4 ─┬─ 0 ……… 240
   │      └─ 6 ……… 246
   └─ 6 ─┬─ 0 ……… 260
          └─ 4 ……… 264
```

左の図のように，百の位が2の場合を考えると6通りできます。しかし，百の位が0ということはありませんから，あと考えられるのは4と6の2通りです。

これらのことから，3けたの数字は
$$3 \times 6 = 18$$
で，18通りできることがわかります。

答 18通り

問題2 組み合わせ方

右のような5個のかんづめがあります。この中から2個を箱につめてプレゼント用に売り出します。つめ方は何通りあるでしょう。

 コーチ

●組み合わせ方を考えるときは，落ちや重なりのないように，表や図を使って考える。

●いくつかのものの中から2つをとる組み合わせ方を考えるときは，左の表のように，表の半分の数になる。

●対角線を結ぶ方法でも考えられる。

 考え方 パインのかんづめとの組み合わせは4つあります。

	パイン	みかん	もも	なし	チェリー
パイン		○	○	○	○
みかん	×		○	○	○
もも	×	×		○	○
なし	×	×	×		○
チェリー	×	×	×	×	

次に，みかんのかんづめとの組み合わせを考えると，パインとみかん と みかんとパイン は同じ組み合わせですから3つです。

このようにして考えると10通りになります。

答 10通り

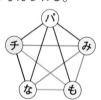

確認テスト

1 〔行き方の数〕
　右の図は, みどりが丘, 青池, さくら山の間の交通手段(しゅだん)を示(しめ)したものです。みどりが丘から青池を通ってさくら山まで行く方法(ほうほう)は何通りありますか。　[20点]

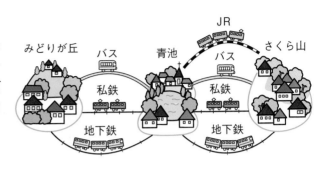

2 〔タオルの選(えら)び方〕
　赤, 青, 黄, 緑のタオルがあります。3枚(まい)を1組にして売るとき, 全部で何通りの組み合わせ方がありますか。　[20点]

3 〔サンドイッチの種類(しゅるい)〕
　ハム, きゅうり, ツナ, ゆでたまご, カツ, チーズの6種類(しゅるい)の材料(ざいりょう)から, 2種類を選んでサンドイッチを作ります。全部で何通りのサンドイッチができますか。　[20点]

4 〔旗(はた)のぬり分け方〕
　右のような3色の旗をつくります。赤, 黄, 青, 緑の4色があるとき, 何種類の旗ができますか。　[20点]

5 〔係の決め方〕
　ただしさん, まさるさん, きよしさん, あきらさん, たかしさんの5人でそうじをします。バケツの水かえ係2人と, ほうき係3人との分け方は何通りありますか。　[20点]

2 場合の数を使った問題

問題①　場合の数と代金

右の品物の中から 2 つずつ，好きな物を買います。何通りの買い方ができるでしょう。
また，そのうち 250 円以内で買えるのは，何通りでしょう。

ノート 160円
クレヨン 230円
消しゴム 60円
キャップ 40円
ペン 130円

コーチ

●2 種類の組み合わせ方を考えるときは，表を使うと簡単である。

●組み合わせ方の数だけでなく，他に値段などを問題にしているときは，表や図をくふうするとよい。

考え方　順序がありませんから，**組み合わせ方の数**の問題です。組み合わせ方の問題は表で考えると簡単です。

右の表のように，表の半分，10 通りの買い物ができます。そのうち，250 円以内のものは色で示した部分です。

答　10 通り，250 円以内のものは 5 通り

	ノート 160円	ペン 130円	消しゴム 60円	クレヨン 230円	キャップ 40円
ノート 160円		290円	220円	390円	200円
ペン 130円	×		190円	360円	170円
消しゴム 60円	×	×		290円	100円
クレヨン 230円	×	×	×		270円
キャップ 40円	×	×	×	×	

問題②　ある重さになる組み合わせ

重さが 3g，5g，7g の 3 種類のおもりがそれぞれ 5 個ずつあります。このおもりを使って 20g のほう酸をはかりとります。どのようなおもりの組み合わせ方がありますか。

ほう酸

コーチ

●何種類かのおもりを使って決められた重さをつくるときは，
　1 種類使う場合
　2 種類使う場合
　3 種類使う場合
と順番に落ちや重なりのないように考えていく。

考え方　〈おもりを 1 種類使う場合〉
　　5g が 4 個……1 通り
〈おもりを 2 種類使う場合〉
　　3g が 5 個と 5g が 1 個
　　3g が 2 個と 7g が 2 個　2 通り
〈おもりを 3 種類使う場合〉
3g が 1 個と 5g が 2 個と 7g が 1 個……1 通り

 答　4 通り

確認テスト

1 〔行き方の数〕

右のように，縦横の道路があります。A駅からB駅へいくときについて考えなさい。ただし，後へはもどれません。

[各10点…合計20点]

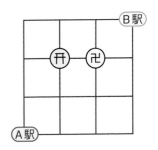

(1) 寺だけに立ちよる場合は何通りありますか。

(2) 寺と神社の両方に立ちよる場合は何通りありますか。

2 〔三角形をつくる〕

3cm，4cm，5cm，7cm の4本のひごがあります。このひごを使って三角形をつくるとき，何通りの三角形ができますか。

[20点]

3 〔試合の総数〕

はるかさん，ゆうさん，まいさん，あいさん，あやさんの5人で，バドミントンの試合をします。どの人とも1回ずつ試合をすると，全部で試合数は何回になるでしょう。

[20点]

4 〔偶数のつくり方〕

右の5枚のカードを使って，3けたの数をつくります。

偶数は何通りできるでしょう。

[20点]

$\boxed{3}\ \boxed{4}\ \boxed{7}\ \boxed{8}\ \boxed{0}$

5 〔行き方の数〕

いま，博物館にいます。他の2か所を見学して博物館にもどるとき，600円以内でまわる方法は何通りあるでしょう。ただし，同じ交通手段で逆にまわる場合は，別の方法とはしません。

[20点]

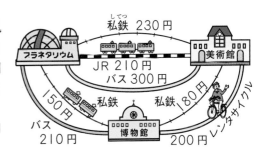

1 オセロゲームのこま（片面ずつ白と黒にぬり分けてある）が白を表にして，１列に３枚並べてあります。１回につき，この３枚のうちどれか１枚のみをその位置で裏返すものとします。４回以下の裏返しによって白と黒が交互に並んでいる状態にするには，何通りの異なる方法がありますか。ただし，裏返したこまの順序でも区別して数えることにします。　[20点]

2 ４個の数字０，１，１，２を並べてできる４けたの偶数は，いくつありますか。
　[20点]

3 図(1)は，１辺が同じ長さの針金をつないでつくった立体です。図(2)は図(1)の立体を４つ合わせたものです。重なり合った部分は１本と考えます。

　(1)，(2)のそれぞれの場合について，ＡからＢまで針金をつたって，遠回りしないでいく行き方は何通りありますか。　[20点]

図(1)　図(2)

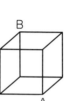
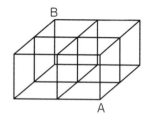

4 １から７までの数字が書いてあるカードが１枚ずつあります。この７枚の中から３枚のカードをとりだして，小さい数から順に並べて３けたの整数をつくります。次の問いに答えなさい。

| 1 | 2 | 3 | 4 | 5 | 6 | 7 |

　[各10点…合計40点]

(1) このような３けたの整数はいくつできますか。
(2) 300より大きく400より小さい整数はいくつできますか。
(3) 各位の数の積が10で割り切れる整数はいくつできますか。
(4) 10の位の数が奇数になる整数はいくつできますか。

チャレンジテスト②

1 次のようなくじをひくとき，次の問いに答えなさい。
　　　　　　　　　　　　　　　　　　　　　　[合計15点]

種　類	数	賞　金
1　等	1 本	200 円
2　等	2 本	100 円
3　等	6 本	50 円
4　等	21 本	なし
合　計	30 本	—

(1) この 30 本のくじから同時に 3 本ひくとき，賞金合計が最も多い場合，何円になりますか。　(5点)

(2) この 30 本のくじから同時に 5 本ひくとき，賞金合計は何通りの場合がありますか。ただし，5 本のくじ全部が 4 等の場合は考えないものとします。
　　　　　　　　　　　　　　　　　　　　　　(10点)

2 赤玉 12 個，青玉 9 個，黄玉 5 個が箱の中にあります。ちがった色の玉を 2 個ずつとりだしていくこととします。　　　　　　　　　　　　[合計15点]

(1) 何回とりだすと箱は空になりますか。　(5点)

(2) 青玉と黄玉をとりだしたのは何回ですか。　(10点)

3 右の図は，A 点から B 点へ向かう道順を示したものです。このとき，必ず点 P を通って行く最短コースは，何通りありますか。　　　　　[15点]

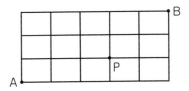

4 1 円，5 円，10 円，50 円，100 円，500 円の硬貨が 1 枚ずつあります。これを使ってつくれる金額は何通りありますか。　　　　　　　　　[25点]

5 0，1，2 の 3 種類の数字を使って 4 けたの数字をつくります。同じ数字を何回使ってもよいことにします。次の問いに答えなさい。　[合計30点]

(1) 4 けたの数字はいくつできますか。　(10点)

(2) これらの 4 けたの数の総和はいくらですか。　(20点)

みんなが川をわたるには？

答え→101ページ

ある農夫がふくろいっぱいのりんごを町までとどけることになりました。息子を連れ，用心のために番犬も連れていきます。

と中に大きな川がありました。橋はなく，向こう岸にわたるには小さなボートを使うしかありません。このボートは2人乗りで，ボートをこぐことができるのは農夫だけです。りんごを1人分と考えて，息子，犬，りんごを順に運ぶしかないわけですが，そのとき次のことに気をつけなくてはなりません。
・犬と息子だけにすると，息子が犬をこわがって泣きます。
・息子とりんごだけにすると，息子はりんごを食べてしまいます。
全員が，無事向こう岸にわたるにはどのようにすればいいでしょうか。

11 量の単位のしくみ

教科書の
まとめ

☆ メートル法のまとめ

単位 量	ミリ $\frac{1}{1000}$	センチ $\frac{1}{100}$	デシ $\frac{1}{10}$		デカ 10	ヘクト 100	キロ 1000
長さ	mm	cm		m			km
面積				a		ha	
体積	mL		dL	L			kL
重さ	mg			g			kg

↑
基準

☆ 面積・体積（容積）の単位

▶ 長さと面積

1辺の 長さ	1cm	1m	10m	100m	1000m = 1km
正方形 の面積	1cm²	1m²	1a	1ha	1km²

10000倍　100倍　100倍　100倍

▶ 長さと体積（容積）

1辺の 長さ	1cm		10cm	1m
立方体 の体積	1cm³ = 1mL	(100cm³) = 1dL	1000cm³ = 1L	1m³ = 1kL
水の重さ	1g	(100g)	1kg	1t

100倍　10倍　1000倍

☆ 不規則な形の体積の求め方

① 角柱や円柱のように体積が計算しやすい容器に水を入れる。

② はかりたいものを①の中にしずめる。

③ ②の前とあとで水面の高さの差を調べる。

④ （①の容器の底面積）×（③で求めた水面の高さの差）が求める体積になる。

1 メートル法のまとめ

問題 1　単位の変かん（1）

内のりが，縦 45cm，横 56cm，深さ 30cm の水そうに，44L の水を入れました。水の深さは何 cm でしょう。小数第 2 位を四捨五入して答えましょう。

コーチ

●単位をそろえるときに，まちがえないように気をつけること。
　　1L＝1000cm³
　　1dL＝100cm³

考え方

1L＝1000cm³ ですから，まず水の量の単位を L から cm³ に変えます。また，水の量＝底面積×深さの式に，わかっている数をあてはめます。

45cm　56cm

44L＝44000cm³
底面積は 45×56＝2520（cm²）
44000÷2520＝17.46…

答　17.5cm

問題 2　単位の変かん（2）

重さ 600g の水とうに水をいっぱい入れてはかったら 2.4kg ありました。この水とうの水を 1 人 200mL ずつ分けるとしたら，何人に分けられますか。

コーチ

●重さの単位
　　1kg＝1000g
●水の重さと体積の関係
　　1g＝1mL

1g＝1mL，1kg＝1L という関係が成り立つのは，水のときだけ。油や，食塩水のときはこのようにはならない。

考え方

全体の重さから水とうの重さをひいた重さが水の重さになります。g，kg，mL の単位をそろえなくてはいけません。

2.4kg＝2400g　←600g＝0.6kg
2400－600＝1800（g）と kg にそろえてもよい
水の場合 1800g＝1800mL
1800÷200＝9

答　9人

確認テスト

答え➡別冊26ページ

時間 **20**分　合格点 **80**点　得点 ／100

1 〔容積と重さ〕
内のりが縦 12cm，横 20cm，深さ 30cm のかんがあります。 ［合計30点］

(1) 半分の深さまで水を入れました。何Lの水が入ったでしょう。 （20点）

(2) 半分の深さまで水を入れたまま重さを測定したら 4.8kg ありました。かんの重さは何kgでしょう。 （10点）

2 〔空気の重さ〕
空気 1L の重さは 1.293g であることがわかっています。教室の縦は 9.2m，横は 7.4m，高さは 4.2m です。教室の中の空気の重さは，約何kgですか。 ［20点］

3 〔プールの容積と水の量〕
1分間に 1.2t の水を送るパイプがあります。このパイプを内のりが，縦 6m，横 15m，深さ 1.4m の貯水プールにつなぎました。 ［合計30点］

(1) この貯水プールの容積は何kLでしょう。 （10点）

(2) この貯水プールを満水にするには，どれだけの時間がかかるでしょう。 （20点）

4 〔単位の換さん〕
5m は 16.4 フィートで，12 インチが 1 フィートです。では，1 メートルは何インチですか。四捨五入によって $\frac{1}{10}$ の位まで求めましょう。 ［20点］

2 はかり方のくふう

問題 1　不規則な形の体積

内のりの直径が 10cm の円柱の形をしたガラスの水そうに，8cm の深さまで水を入れました。この水そうに石をしずめると，水の深さが 11.5cm になりました。石の体積は何 cm³ でしょう。

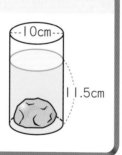

考え方

石をしずめた分だけ，水がおし上げられたことになります。

つまり，おし上げられた水の体積と石の体積は等しいと考えます。

　石の体積＝おし上げられた水の体積
　　　　　＝容器の底面積×水面の高さの差

10÷2＝5 ←底面の半径

(5×5×3.14)×(11.5−8)＝78.5×3.5＝274.75
　└底面積　　　└水面の高さの差

答 274.75cm³

問題 2　水以外の物質の体積と重さ

右のような形をした銀のかたまりがあります。銀の重さは，同じ体積の水の重さの 10.5 倍です。この銀の重さは何 kg ですか。

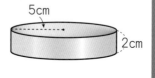
5cm
2cm

考え方

「銀の重さは，同じ体積の水の重さの 10.5 倍」ということを，「銀の比重は 10.5」といいます。水の場合，1cm³ は 1g ですが，銀の場合は 1cm³ は 10.5g ということです。

　5×5×3.14×2＝157(cm³) ←かたまりの体積
　157×10.5＝1648.5(g)
　1648.5g＝1.6485kg

答 1.6485kg

確認テスト

1 〔比重と重さ〕
　切り口の縦が 30cm，横が 35cm，長さが 1.8cm の杉の角材があります。この角材の重さは何 kg でしょう。杉の比重（同じ体積の水の重さに対する割合）は 0.40 です。

[20点]

2 〔比重と体積〕
　ビー玉の重さをはかったら，37g ありました。
ビー玉に使われているガラスの比重は 2.5 です。
このビー玉の体積は，約何 cm^3 でしょうか。　　　[20点]

3 〔薬品の重さと容器の重さ〕
　容積が 1.8L の容器に，容量の $\frac{2}{3}$ の量の薬品を入れて全体の重さをはかったら 1.2kg ありました。この薬品 1cm^3 の重さは 0.8g です。容器の重さは何 g ですか。　　　[20点]

4 〔石の体積〕
　底面の直径 20cm，深さ 50cm の円柱形の容器に，深さ 30cm まで水を入れたものが，直径 40cm の受けざらの上においてあります。

[各20点…合計40点]

(1)　小さい石をしずめると，水の深さは 40cm になりました。
　　この石の体積はいくらですか。

(2)　小さい石はとり出して，大きい石を入れると，水があふれ出て，受けざらの円柱の水の深さが 2cm になりました。この石の体積はいくらですか。ただし，小さい石も大きい石もすっかり水の中にしずんだものとします。

チャレンジテスト

1 内のりが右の図のような水そうがあります。[各5点…合計15点]

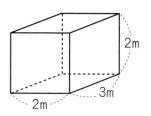

(1) 1辺が10cmの立方体の何個分の体積となりますか。

(2) 容積は何Lですか。

(3) 1時間に1.5tずつ水を入れると、何時間でいっぱいになりますか。

2 次の問いに答えましょう。　　　　　[各10点…合計30点]

(1) 50kLの4万分の1は □ dLです。

(2) 関西国際空港の広さは1055haで、阪神甲子園球場の広さは13000m²です。関西国際空港の広さは阪神甲子園球場の広さの □ 倍です。(四捨五入で、一の位までのがい数で表しなさい。)

(3) 空気の5分の1が酸素であるとすると、人が1日にすう酸素の量は、2320Lです。人が1日にすう空気の量は、何m³になりますか。

3 右の図のような四角柱のガラス容器を台形EFGHを底面にしておきます。この容器に最初深さ3cmまで水を入れ、次に容器いっぱいになるまで油を入れたら、重さが最初の1.5倍になりました。水と油はまじりあわないとし、水1cm³の重さは1gであるとします。また、容器の重さや厚みは考えないことにします。答えは四捨五入して小数第2位まで求めなさい。　　　　　[合計55点]

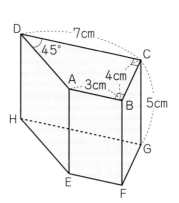

(1) 油1cm³の重さは何gですか。　　　　　[15点]

(2) この中に、底面が1辺2cmの正方形で、高さが3.5cmの鉄でできた中味のつまった四角柱を、しずかにまっすぐしずめます。
　⑦水と油の境の面は底面から何cmの高さになりますか。　　　　　[15点]
　④あふれた油の重さは何gですか。　　　　　[10点]
　⑨鉄1cm³の重さを7.86gとして、全体の重さを求めなさい。　　　　　[15点]

12 問題の考え方

教科書の
まとめ

☆ 表を利用して解く問題

▶ 変わり方のきまりを見つけるには，表をつくって考えるとよい。

例　1個150円のりんごと，1個80円のみかんをあわせて20個買う場合の代金の変わり方は，

りんご(個)	1	2	3	4
みかん(個)	19	18	17	16
代　金(円)	1670	1740	1810	1880

+70円　+70円　+70円

この表から，りんごを買う個数が1個ふえるごとに，代金が70円ずつふえることがわかる。

☆ 割合を使って解く問題

▶ 問題で表されている関係を線分図で表すと，割合の関係がわかりやすい。

例　150人のうちの40%，そのうちの70%を図に表すと，

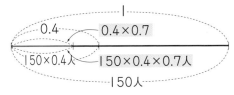

▶ 全体を1とする

例　家から学校まで歩いて15分かかるとき，家から学校までの道のりを1とすると，歩く速さを毎分 $\frac{1}{15}$ と考えて解くことができる。

▶ 比べられる量＝もとにする量×割合
もとにする量＝比べられる量÷割合

1 和や差の関係から解く問題

コーチ

問題 1 数量の和と差がわかっている問題

A，B，Cの3つの数があります。AとBの和は32で，BとCの和は20です。また，BはCより6小さいそうです。A，B，C3つの数はそれぞれいくつでしょう。

●このような問題を和差算（わさ）という。
●和差算の解き方

考え方

A，B，Cそれぞれの関係（かんけい）を式に書くと，

$$\begin{cases} A+B=32 \\ B+C=20 \\ C-B=6 \end{cases}$$ ← 和と差がわかっている

まず，BとCを求（もと）めましょう。

CはBより6大きいから

$(20+6)÷2=13$ ←C

$13-6=7$ ←B

$32-7=25$ ←A

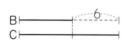

大きい数
＝(和＋差)÷2
小さい数
＝(和ー差)÷2

答 A 25，B 7，C 13

問題 2 平均についての問題

コーチ

テストが何回かあって，その平均（へいきん）点は86点でした。こんどのテストで100点をとったので，平均点が88点になりました。テストは全部で何回ありましたか。

●このような問題を平均算（へいきん）という。
●平均算でむずかしいのは，平均と，平均されたもとの数量（すうりょう）の一部がわかっているとき，他の数量を求めることである。

合計＝平均×個数（こすう）
より合計を求める
↓
(合計)ー(平均されたもとの数量の一部)
で他の数量を求めることができる。

考え方

こんどのテストで，今までの平均点より多くとれた点数は

$(100-86)$ 点

この点数を，全回数で平均に分けると$(88-86)$点だけ平均点が上がったと考えます。

$100-86=14$(点) ← こんどのテストで，今までの平均点より多くとれた点数

$88-86=2$(点) ← こんどのテストの結果（けっか），上がった平均点の点数

$14÷2=7$(回) ← テストの全回数

答 7回

たいせつ
ポイント
大きい数＝(和＋差)÷2，小さい数＝(和－差)÷2，
合計＝平均×個数，年令差はつねに変わらない。

問題 3 　分配のときの余りや不足から求める問題

チョコレートを何人かの子どもに分けます。1人5個ずつにすると8個余り，1人7個ずつにすると4個不足しました。チョコレートの数と子どもの人数を求めましょう。

●このような問題を過不足算という。

●過不足算の解き方
分ける人数
＝余りと不足の和
　÷1人あたりの差

図に表すと，次のとおりです。

```
        7個ずつでの必要数
    5個ずつでの必要数       余り8個
├─────────────────────┤─────┤
     チョコレートの数       不足4個
```

1人5個ずつにしたときの必要数と，7個ずつにしたときの必要数とでは，余りの数8個と不足の数4個の和だけちがってきます。この和が1人についての差(7－5)個の集まりと考えられます。

　8＋4＝12(個)　◀──差の集まり
　12÷(7－5)＝6(人)　◀──子どもの人数
　5×6＋8＝38(個)　◀──チョコレートの個数

答　チョコレート38個，子ども6人

問題 4 　年令についての問題

今年のりこさんは12才で，お父さんは42才です。お父さんの年令がりこさんの年令の3倍になるのは，今から何年後でしょう。

●このような問題を年令算という。

●年令算を解く場合には，年令差はつねに変わらないことを利用する。どのように使うかは，図をかくとわかりやすい。

お父さんの年令がりこさんの年令の3倍になったときののりこさんの年令を1と考えて図に表すと，

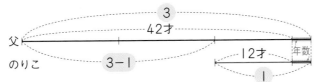

となります。このときお父さんの年令は3にあたり，2人の年令差は(3－1)になります。**年令の差はつねに同じですから，**(42－12)才が(3－1)にあたることから求めます。

　42－12＝30(才)　◀──2人の年令差
　30÷(3－1)＝15(才) ◀── お父さんの年令がりこさんの年令の3倍になるときののりこさんの年令
　15－12＝3(年)

答　3年後

確認テスト①

答え→別冊27ページ

時間**40**分 　合格点**70**点 　得点 ／100

① 〔合計と差がわかっている問題〕
　荷づくりをするために 6.5m のひもを 4 つに切ります。
15cm ずつ長さがちがうように切ると，2 番目に長いひもは
何 cm になりますか。　　　　　　　　　　　　　　　　[20点]

② 〔全体の平均と一部の平均から残りの一部の個数を求める問題〕
　ある小学校の算数のテストの平均点について調べたら，A 組の平均点は 83.5 点，
B 組の平均点は 82 点，A，B 両組の平均点は 82.76 点でした。
　A 組が 38 人のとき B 組は何人ですか。　　　　　　　　　　　　　　　[20点]

③ 〔2 数の差がわかっている問題〕
　山田さんは値段のちがう A，B2 種類のケーキを 5 個ずつ買って 3050 円はらい
ました。
まだお金が余っていたので，A をあと 1 個買おうとしましたが，60 円たりませんで
した。そこで B を 1 個買うことにしたら 50 円余りました。このとき，A と B それぞ
れ 1 個の値段を求めましょう。　　　　　　　　　　　　　　　　　　　[30点]

④ 〔何通りかの平均点から個別の点数を求める問題〕
　5 人がテストを受け，点数の高い人から順に並べると A さん，B さん，C さん，
D さん，E さんの順になります。5 人の点数の平均は 10 点です。A さんをのぞく 4
人の点数の平均は 8.75 点で，E さんをのぞく 4 人の点数の平均は 11 点です。C さ
んの点数が 9 点で，B さんと D さんの点数がどちらも偶数のとき，A さんと D さんの
点数を求めましょう。　　　　　　　　　　　　　　　　　　　　　　[30点]

確認テスト②

①　〔余る場合と不足する場合から求める問題〕

　5年生と6年生が，合同遠足で川下りをするために船を借りました。15人ずつ乗ると最後の船は6人乗りになり，14人ずつ乗ると8人が乗れません。借りた船の数と，5年生と6年生全体の人数を求めましょう。　　　　　　　　　[20点]

②　〔父の年令と，子の年令の合計との関係〕

　現在の父の年令は50才，子ども3人の年令は12才と7才と5才です。子どもの年令の和が父の年令に等しくなるのは，今から何年後ですか。　　　[20点]

③　〔複雑な分け方の過不足算〕

　いくつかのみかんを何人かの子どもに分けるのに，1人に6個ずつ分けると15個不足するので，3人には5個ずつ，4人には4個ずつ，残りの子どもには3個ずつ分けたら5個余りました。

　はじめにみかんは何個ありましたか。　　　　　　[30点]

④　〔2人の年令の関係から年令を求める問題〕

　現在，たかしさんの年令はお父さんの年令の $\frac{2}{7}$ 倍です。

　3年後にはお父さんの年令がたかしさんの年令の3倍になります。現在のたかしさんの年令はいくつでしょう。　　　　　　　　　　　　　　　　[30点]

2 割合や比の関係から解く問題

 問題 1　倍数関係についての問題

本と雑誌を買いました。本の値段は雑誌の値段の3倍より100円高く，合計1300円はらいました。本と雑誌の値段はそれぞれいくらでしょう。

 コーチ

●このような問題を倍数算という。

●倍数算には，次の2通りの場合がある。数量の関係が

① ある倍数関係になっている。

② ふえたりへったりしてある倍数関係になっている。

①も②も基準を1とした割合を求めて，わかっている数量と比べる。

考え方　雑誌の値段を1として図に表すと次のとおりです。

かりに本が100円安かったとすると，2冊あわせた値段は雑誌の値段の4倍になり，その値段は（1300-100）円です。

1300-100=1200（円）　←本が100円安かった場合の2冊の値段

↑雑誌の値段の4倍

1200÷4=300（円）　←雑誌の値段

300×3+100=1000（円）　←本の値段　1300-300=1000（円）として求めてもよい

答 本1000円，雑誌300円

 問題 2　もとにする量を1として考える問題

りんごとみかんが何個かずつあって，りんごの数は全体の30%です。りんご2個とみかん10個を食べると，残りが同じになりました。はじめにりんごとみかんはそれぞれ何個ありましたか。

 コーチ

●このような問題を相当算という。

●相当算の解き方
もとにする量
＝比べられる量
　÷割合
の関係を使う。

考え方　はじめの全体の個数を1とすると，りんごは0.3（30%）だから，みかんは0.7（70%）です。図に表すと下のようになります。

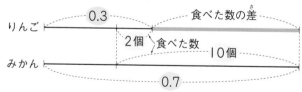

10-2=8（個）　←食べた数の差

0.7-0.3=0.4　←はじめにあったりんごとみかんの数の割合の差

8÷0.4=20（個）　←はじめの合計数

20×0.3=6（個）　←はじめのりんごの個数

20-6=14（個）　←はじめのみかんの個数

答 りんご6個，みかん14個

割合や比のところと関連があるので，もう一度見なおしておくといいよ。

**たいせつ
ポイント**

もとにする量＝比べられる量÷割合
仕事算では，仕事全体の量を１と考える。

問題 **3** 品物の売買についての問題

ある品物に，仕入れ値の 20% の利益をふくめて定価を
つけましたが，売れ残ったので定価の 10% をひいて，
5400 円で売りました。この品物の仕入れ値はいくらで
しょう。

 定価……**仕入れ値×（１＋0.2）**
売り値……**定価×（１－0.1）**
この売り値の割合が 5400 円にあたります。

仕入れ値を１として売り値の割合を表すと

（１＋0.2）×（１－0.1）＝1.08 ←仕入れ値に対する売り値の割合
└定価の割合┘ └定価の 10% 引き┘

5400÷1.08＝5000（円）←仕入れ値
└売り値┘ └売り値の割合┘

答 5000 円

コーチ

●このような問題を
損益算（売買算）という。

●損益算で覚えてお
く関係
利益＝
原価×利益の割合
└仕入れ値
定価＝原価＋利益
＝原価×
（１＋利益の割合）
損失＝原価－売価
＝原価×損失の割合
売価＝定価×
（１－割引きの割合）

問題 **4** 仕事についての問題

ある人が，15 日間で仕上げる予定
の仕事を，6 日間で全体の $\frac{3}{7}$ だけす
ませました。この速さで仕事を続け
ていくとき，予定より何日早く仕上
がりますか。または何日おくれますか。

 全体の仕事の量を１とします。6 日間で $\frac{3}{7}$ すませたの

だから，１日にした仕事の量は $\left(\frac{3}{7}÷6\right)$ です。

$\frac{3}{7}÷6=\frac{3}{7×6}=\frac{1}{14}$ ←１日の仕事の量

$1÷\frac{1}{14}=14$（日）←この速さで仕事をしたとき，全体が仕上がる日数

15－14＝1（日）

答 1 日早く仕上がる

コーチ

●このような問題を
仕事算という。

●仕事算の解き方
単位時間にできる仕
事の量＝１÷仕事全
体にかかる時間
仕事全体にかかる時
間
＝１÷単位時間にで
きる仕事の量
ある時間にできる仕事
の量＝単位時間にで
きる仕事の量×時間

確認テスト①

答え → 別冊28ページ

時間50分　合格点60点　得点／100

①　〔捨てた水の量とその割合から最初の水の量を求める〕

容積の $\frac{7}{8}$ の水が入っているとう明な容器があります。水面の位置に印をつけてから容器の水の一部を捨て，ふたをして容器をさかさにしたら，水面がちょうど前につけた印のところになっていました。捨てた水の量は186mL でした。

はじめに容器に入っていた水の量は何mL ですか。　　　　　　　　　　[20点]

②　〔やりとりの前後の比がわかっている問題〕

A，B2 人の持っているお金の比は 3：1 でしたが，A が B に 840 円あげたので 2 人のお金の比は 8：5 となりました。A は，はじめいくら持っていましたか。　[20点]

③　〔2 日目の欠席者の一部の人数から全体を求める〕

ある学校のある日の欠席者は全校児童の 7% でした。翌日の欠席者は全校児童の 4% で，前日に欠席していた人の $\frac{1}{3}$ がその中にふくまれていました。2 日目のみ休んだ人数が 10 人だったとき，全校児童の数を求めましょう。

[20点]

④　〔2 人が出すお金の比がわかっているときの品物の値段を求める〕

かおりさんとお兄さんは，お金を出しあってトランプを買うことにしました。かおりさんとお兄さんの出すお金の比は 3：5 にする予定でしたが，お兄さんが 50 円足りなかったので，かわりにかおりさんが 50 円出したところ，出したお金の比が 4：5 になりました。トランプの値段を求めましょう。　　　　　　　　　　[20点]

⑤　〔先にゴールした人とあとにゴールした人の割合から全体を求める〕

クラス全員でマラソンをしました。すすむさんがゴールしたとき，すでに男女同数の児童がゴールしていて，その人数はクラス全体の $\frac{1}{4}$ をしめていました。女子の人数はクラス全体の $\frac{3}{8}$ で，すすむさんのあとでゴールした男子の人数は 15 人でした。クラス全体の人数を求めましょう。　　　　　　　　　　[20点]

① 〔2本の管を使ったときの全体の仕事時間を求める〕

　水そうに水を入れるのに，細い管を使うと20分，太い管では10分かかります。2本の管を同時に使って水そうをいっぱいにするには何分何秒かかりますか。　　[20点]

② 〔利益から仕入れ値を求める〕

　定価1500円の品物を2割引きで売っても，まだ仕入れ値の2割の利益がありました。この品物の仕入れ値はいくらでしょう。　　[20点]

③ 〔時間内に仕事をするための人数を求める〕

　川から水を1kLくみ上げるのに4人で5分かかります。20kLの水を30分以内にくみ上げるには何人以上必要ですか。　　[20点]

④ 〔利益から仕入れ個数を求める〕

　ある商品を1個120円で何個か仕入れましたが，仕入れたあとで20個がこわれてしまいました。残った商品を1個160円で全部売ったところ，利益は7200円になりました。仕入れた商品は何個ですか。　　[20点]

⑤ 〔3人で仕事をするときにかかる時間を求める〕

　ある仕事をするのに，AさんとBさんとでは4時間10分かかり，BさんとCさんとでは3時間20分かかります。また，この仕事をAさん1人ですると10時間かかりました。AさんとCさんとでは何時間かかりますか。　　[20点]

3 式の利用と規則性についての問題

問題 1 式の利用についての問題

りんごとみかんがあります。りんご 2 個とみかん 5 個の代金は同じで，りんご 4 個とみかん 12 個では 1320 円です。

りんご，みかんそれぞれ 1 個の値段はいくらでしょう。

りんごとみかんの個数と代金の関係を式に表すと

$\begin{cases} (りんご 2 個) = (みかん 5 個) ……① \\ (りんご 4 個) + (みかん 12 個) = 1320 円……② \end{cases}$

りんごの個数を 4 個にそろえるために，①を 2 倍すると，

(りんご 4 個) = (みかん 10 個)

となり，②のりんご 4 個をみかん 10 個におきかえることができます。

5 × 2 = 10（個）　←りんご 4 個にあたるみかんの数
10 + 12 = 22（個）　←1320 円で買えるみかんの数
1320 ÷ 22 = 60（円）　←みかん 1 個の代金
60 × 5 ÷ 2 = 150（円）　←りんご 1 個の代金

答 りんご 150 円，みかん 60 円

●このような問題を消去算という。

求める数は2つ
関係の式も2つ

2つの式から1つの
数を消して，まず
1つの数を求める

残りの1つの数を求める

求める数が 3 つなら，関係の式も 3 つになります。

問題 2 規則性を見つけて解く問題

右のように，正方形のタイルをどんどん下にふやしていきます。タイルが 74 段になったとき，タイルの枚数は全部で何枚ですか。

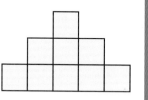

●具体的に，何段か図をかいてから表にするとわかりやすい。
●表から，段の数とタイルの枚数との間のきまりを見つける。

表をつくって規則性を見つけましょう。

段の数（段）	1	2	3	4	5	6	7	
タイルの総数（枚）	1	4	9	16	25	36	49	

上のように表をつくっていくと，

タイルの枚数 = 段の数 × 段の数

であることがわかります。

74 × 74 = 5476（枚）

答 5476 枚

確認テスト

1 〔数の並び方と規則性〕

下のように，あるきまりにしたがって数が並んでいます。このとき，左から数えて 40 番目の数を求めましょう。 [20点]

l，l，2，l，2，3，l，2，3，4，l，2，3，4，5，…

2 〔2つの品物の値段〕

ノート 2 冊とえん筆 l 本を買うと 320 円になります。よしこさんはノート 5 冊とえん筆 2 本を買って 760 円はらいました。ノート l 冊とえん筆 l 本の値段はそれぞれいくらでしょう。ただし，消費税は考えないことにします。 [20点]

3 〔正三角形を規則にしたがって並べる〕

右の図のように，l 辺が l cm の正三角形を，l 段目に l つ，2 段目に 3 つ，3 段目に 5 つ，…と並べていきます。

[各10点…合計30点]

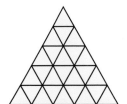

(1) l2 段目に正三角形はいくつ並びますか。

(2) 正三角形が l5l 個並ぶのは何段目ですか。

(3) できあがった図形のまわりが 54cm のとき，正三角形は全部でいくつありますか。

4 〔3つの品物の値段〕

なし 2 個，みかん l 個，りんご 3 個で l070 円，なし 4 個，みかん 2 個で l180 円，なし 3 個，みかん l 個で 860 円です。

なし l 個，みかん l 個，りんご l 個の値段はそれぞれいくらでしょう。 [30点]

4 速さの和や差から解く問題

問題1 流れがあるところでの速さについての問題

104km はなれた東町と西町を往復する船があります。この船は上りに 8 時間，下りに 5 時間かかります。

(1) 川の流れの速さを求めましょう。

(2) この船の静水時の速さを求めましょう。

 コーチ

●このような問題を流水算という。

●流水算での速さ
・下りの速さ
＝静水時の速さ
　＋流れの速さ
・上りの速さ
＝静水時の速さ
　－流れの速さ
・静水時の速さ
＝（上りの速さ
　＋下りの速さ）÷2
・流れの速さ
＝（下りの速さ
　－上りの速さ）÷2

 考え方

下りの速さ＝静水時の速さ＋流れの速さ……①
上りの速さ＝静水時の速さ－流れの速さ……②

①，②の式から，

静水時の速さ＝（上りの速さ＋下りの速さ）÷2
流れの速さ＝（下りの速さ－上りの速さ）÷2

がでます。問題文から，まず，上りと下りの速さを求めます。

(1) 104÷8＝13（km/時）←上りの速さ
104÷5＝20.8（km/時）←下りの速さ
（20.8－13）÷2＝3.9（km/時）

答 時速 3.9km

(2) （20.8＋13）÷2＝16.9（km/時）

答 時速 16.9km

問題2 公園のまわりでの出会いと追いつきの問題

周囲が 1.2km の公園があります。A と B が同じ地点から同時に出発して公園の周囲をまわります。A の速さは毎分 60m，B の速さは毎分 40m として，次の問いに答えましょう。

(1) A と B が反対方向に歩いたとき，2 人が出会うのは出発してから何分後ですか。

(2) A と B が同じ方向に歩いたとき，A が B に追いつくのは出発してから何分後ですか。

 コーチ

●このような問題を旅人算という。

●池や公園のまわりをまわる旅人算
・反対方向にまわる場合

　2 人の速さの和×
　出会うまでの時間
＝池や公園の周囲の
　　　　　道のり
・同じ方向にまわる場合

　2 人の速さの差×
　追いつくまでの時間
＝池や公園の周囲の
　　　　　道のり

 考え方

(1) 2 人が向き合って出会う場合だから，2 人が出会うまでに進んだ道のりの和が，公園の周囲の道のりになります。

1.2km＝1200m　1200÷（60＋40）＝12（分）

答 12 分後

(2) A が B に追いついたとき，A は B より 1 周分多く進んでいます。
1 分間に A は B より　60－40＝20（m）多く進みます。
1200÷（60－40）＝60（分）

答 60 分後

①〔流れの速さと2地点間の道のり〕

　ある川で，A地点からB地点に船で下ると50分かかり，B地点からA地点にその船でさか上ると1時間30分かかります。A地点でこの川に落ちたボールがB地点まで流されるのに，何時間何分かかりますか。　　　　　　　　　　　　　[20点]

②〔川を進む時間から川の流れの速さを求める〕

　静水時での速さが時速13kmであるAの船と，時速12kmであるBの船があります。いま，2そうの船が同時にAは川の上流から，Bは60km下流から向かいあって出発しました。2そうの船がと中で出会ってから，1時間36分後にAはBの出発地点に着きました。

　この川の流れの速さは時速何kmですか。　　　　　　　　　　　　[20点]

③〔池のまわりを反対向きに進む〕

　まわりの長さが1800mの池があります。太郎さんは分速90mで，次郎さんは分速60mで，同じ地点から同時に出発して，2人が反対向きに池のまわりを進みます。

[各15点…合計30点]

(1)　2人がはじめて出会うのは，出発してから何分後ですか。

(2)　ふたたび(1)と同じ場所で出会うのは，出発してから何分後ですか。

④〔折り返してすれちがう〕

　中間点で折り返すウォーキングコースがあります。みほさんとゆきさんが同時にスタートして，それぞれ一定の速さで歩きます。ゆきさんは12分歩いたところで，折り返してくるみほさんとすれちがい，そのあと折り返し点まで3分かかりました。

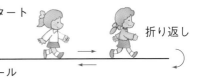

[各10点…合計30点]

(1)　みほさんとゆきさんの速さの比を求めましょう。

(2)　みほさんはスタートしてから何分でゴールしますか。

(3)　すれちがったあと，ゆきさんが走りはじめたとします。速さをそれまでの何倍にすれば，みほさんと同時にゴールできますか。

チャレンジテスト①

時間 **60**分　合格点 **60**点　得点 ／**100**

1 AさんとBさんは兄弟で, 年令が3才ちがいます。Aさんとお父さんとの年令の比は2：7で, Aさんとお母さんとの年令の比は1：3で, Bさんとお母さんとの年令の比は1：4です。お父さんの年令はいくつでしょう。　　　　[20点]

2 同じ長さのひもを2本用意し, 水面から橋までの高さをはかりました。1本は2等分に切って水面まで下げたら85cm余りました。もう1本は3等分に切って水面まで下げたら15cmたりませんでした。　　　　[各15点…合計30点]

(1) 用意したひも1本の長さは何mですか。

(2) 水面から橋までの高さは何mですか。

3 大きなかんに黄色, 赤色, 緑色, 青色の玉が同じ数だけ入っています。健一さんは, このかんの中から黄色15個, 赤色11個の玉を取り出し, 1つの箱につめます。何箱かつくったところで, かんの中の黄色の玉は9個, 赤色の玉は69個が残りました。かおるさんは, このかんの中から緑色13個, 青色18個の玉を取り出し, 1つの箱につめます。何箱かつくったところで, かんの中の青色の玉がちょうどなくなりました。　　　　[各10点…合計20点]

(1) 健一さんは何箱つくりましたか。

(2) かおるさんが何箱かつくって, ちょうど青色の玉がなくなったとき, かんの中に残った緑色の玉の数は何個ですか。

4 ある映画館で入場した人数を調べたところ, 今日は昨日に比べて男性が15％へり, 女性が25％ふえて, 合計1200人でした。また, 今日の女性の入場者は今日の男性の入場者よりも10人多くなりました。　　　　[各10点…合計30点]

(1) 今日の男性の入場者は何人ですか。

(2) 昨日の女性の入場者は何人ですか。

(3) 今日の入場者は昨日に比べて何人ふえましたか。

チャレンジテスト②

1 ある肉屋では，600g の定価が 1500 円のぶた肉を 15% 引きで売りました。この値段で売ると仕入れた値段の 25% の利益があるそうです。仕入れた値段は 100g あたりいくらでしょう。　[20点]

2 整数を右のように並べます。　[各10点…合計20点]

(1) 左はしの列で，上から 15 番目の数を答えましょう。
(2) 90 は左から何番目，上から何番目にありますか。

1	2	5	10	・	・
4	3	6	11	・	・
9	8	7	12	・	・
16	15	14	13	・	・
・	・	・	・	・	・
・	・				

3 40 人の児童が受けた 100 点満点のテストの平均点を求めました。その後，A さん，B さんの得点をどちらも十の位と一の位の数字を逆にして計算していたことがわかり，平均点を求めなおしたところ，0.45 点高くなりました。また，2 人の正しい得点はともに，十の位と一の位の数の和が 11 で，A さんは B さんより高得点でした。　[各15点…合計30点]

(1) A さんと B さんの正しい得点の合計を求めましょう。
(2) A さんの正しい得点として考えられるものをすべて求めましょう。

4 A さん，B さん，C さんの 3 人で働けば，ちょうど 10 日間で仕上がる仕事があります。もし，C さんが 2 日休めばその分を A さんと B さんの 2 人が 1 日多く働くか，または，B さん 1 人で 4 日多く働かなければなりません。　[各15点…合計30点]

(1) A さん，B さん，C さんそれぞれの 1 日の仕事量の比を，もっとも簡単な整数で答えましょう。
(2) B さんが 1 人でこの仕事を仕上げるのには，何日かかりますか。

答え→別冊33ページ

時間60分　合格点60点　得点／100

1 あるお菓子屋さんで，つめ合わせをつくります。ショートケーキ3個，モンブラン2個，シュークリーム1個で1850円になり，シュークリームとショートケーキ1個ずつで550円になります。モンブランの値段がシュークリームの値段の1.5倍とすると，3種類を2個ずつつめ合わせたときの値段はいくらになりますか。　[20点]

2 あるコンサート会場に，開場時に400人が列をつくっていました。開場後も3分間に20人の割合で列に人が加わっていくものとするとき，1分間に40人の割合で入場させていくと，開場して何分後に列がなくなりますか。　[20点]

3 容量のちがう3つの容器A，B，Cがあり，その容量の合計は30Lです。いま，Aには容器の$\frac{5}{6}$，Bには容器いっぱい，Cには容器の$\frac{1}{3}$だけ水が入っています。

それぞれの容器から同量の水をくみ出したところ，Aには容器の$\frac{3}{4}$，Bには容器の$\frac{2}{3}$，Cには容器の$\frac{1}{5}$の水が残りました。また，このくみ出した水全部を，容器の$\frac{2}{7}$だけ水が入っている容器Dに入れたところ，Dはちょうどいっぱいになりました。このとき，次の問いに答えましょう。　[各15点…合計30点]

(1) 容器A，B，Cの容量の比をもっとも簡単な整数の比で表しましょう。

(2) 容器Dの容量は何Lですか。

4 はるかさんは両親と姉，弟の5人家族です。現在，母は38才，姉は11才，弟は3才で，はるかさんの年令を5倍すると父の年令より1つ多くなります。また，はるかさんと父の年令の差は35です。　[各10点…合計30点]

(1) 現在，はるかさんは何才ですか。

(2) 父の年令がはるかさんの年令の6倍に等しかったのは今から何年前ですか。

(3) 今から何年後に両親の年令の和が，子ども3人の年令の和の2倍になりますか。

チャレンジテスト④

1 ゆうたさんは賞品として1つ100円の品物をいくつか買うために，ちょうどの金額を持って買物に行きました。ところが品物の値段が110円になっていたため，賞品は10個少なくなり，おつりを100円もらいました。もともと賞品を何個買うつもりでしたか。 [15点]

2 太郎さん，次郎さん，三郎さんの3人がA地点から同時にスタートし，B地点で折り返すコースを走ることになりました。太郎さんが3人の中で最初にB地点に来たとき，次郎さんはその90m後ろを走り，三郎さんはさらにその後ろを走っていました。次郎さんがB地点に来たとき，太郎さんは次郎さんより120m先を走り，次郎さんと三郎さんの差は，太郎さんがB地点に来たときよりも10m広がっていました。ただし，3人の速さは異なり，それぞれスタートから同じ速さで走り続けるものとします。 [各15点…合計45点]

(1) 太郎さんの走る速さは，次郎さんの走る速さの何倍ですか。

(2) A地点からB地点まで何mありますか。

(3) 太郎さんと三郎さんがすれちがうのは，B地点から何mの地点ですか。

3 右の図のように，ご石を並べていきます。できた図形について答えましょう。[各10点…合計20点]

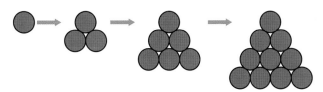

(1) 図形のまわりのご石が30個のとき，何段つみましたか。

(2) 37段つんだとき，ご石は全部で何個ありますか。

4 まなぶさんは，算数・国語・理科のテストを5回ずつ受けました。それぞれのテストは5点満点で，まなぶさんの得点は下の表のようになりました。

	1回	2回	3回	4回	5回
算数	5	4	イ	3	オ
国語	3	ア	1	2	4
理科	5	2	ウ	エ	5

・まなぶさんは0点をとっていません。
・理科の平均点は3.6点でした。
・国語の平均点は2.4点でした。
・2回目と4回目のテストの平均点は同じです。
・3回目と5回目のテストの平均点の差は3点です。 [合計20点]

(1) 表のア〜オにあてはまる数を求めましょう。 (各2点)

(2) 算数の平均点を求めましょう。 (10点)

チャレンジテスト⑤

1 兄が 1500 円，弟がいくらかのお金を持っています。兄がプラモデルを買おうとしたらたりなかったので，弟が兄に自分の持っているお金の 3 分の 1 をわたしました。兄はプラモデルを買い，残った 200 円を弟に返しました。すると，弟のお金の合計が最初持っていたお金の 4 分の 3 になりました。 [各10点…合計20点]

(1) 弟は最初，お金をいくら持っていましたか。

(2) プラモデルの値段はいくらですか。

2 数の列①と数の列②は，それぞれあるきまりによって並んでいます。このとき，次の問いに答えましょう。 [各10点…合計20点]

数の列① $1, \dfrac{1}{2}, \dfrac{2}{1}, \dfrac{1}{3}, \dfrac{2}{2}, \dfrac{3}{1}, \dfrac{1}{4}, \dfrac{2}{3}, \dfrac{3}{2}, \dfrac{4}{1}, \dfrac{1}{5}, \cdots$

数の列② $1, \dfrac{1}{2}, \dfrac{2}{2}, \dfrac{1}{3}, \dfrac{2}{3}, \dfrac{3}{3}, \dfrac{1}{4}, \dfrac{2}{4}, \dfrac{3}{4}, \dfrac{4}{4}, \dfrac{1}{5}, \cdots$

(1) 数の列①の 20 番目の数と，数の列②の 20 番目の数を求めましょう。

(2) $\dfrac{9}{5}$ は，どちらの数の列の左から何番目にあたりますか。ただし，約分して $\dfrac{9}{5}$ になる数は考えません。

3 ある八百屋では，みかんを箱ごと売っています。ある日の閉店後，何箱かの在庫があり，翌日から毎朝同じ箱数ずつ仕入れることにします。毎日 12 箱ずつ売れば 2 日間売ったところでちょうど在庫がなくなり，毎日 8 箱ずつ売れば 4 日間売ったところでちょうど在庫がなくなります。このとき，次の問いに答えましょう。 [各20点…合計40点]

(1) はじめの在庫の箱数は 1 日に仕入れる箱数の何倍ですか。

(2) 毎日 6 箱ずつ売れば何日間売ったところでちょうど在庫がなくなりますか。

4 A，B，C の 3 人が旅行をしました。旅行前に，A は 3 人分の交通費を全額はらい，B は 3 人分の宿はく費を全額はらい，C は 3 人分の食料費 6000 円をはらったので，3 人のはらった合計金額は 81000 円になりました。さらに，旅行中に 3 か所の入場料を A，B，C がそれぞれ 1 か所ずつ 3 人分をまとめてはらいましたが，はらった入場料は，A は B より 1500 円多く，C は B より 1500 円少ない金額でした。3 人分の交通費，宿はく費，食料費，入場料の合計金額を 3 でわったところ，30000 円になりました。そこで，3 人がそれぞれ 30000 円を負担するように，C は A と B にいくらかずつはらいましたが，B は A より 4500 円多くもらいました。A が旅行前にはらった 3 人分の交通費はいくらでしょう。 [20点]

おもしろ算数 の答え

<16 ページの答え >

答 3倍

$$5日目は \underbrace{x \times 7}_{4日目} - \underbrace{(x \times 2) \times 2}_{2日目} = x \times 7 - x \times 4$$

$$= x \times (7-4) = x \times 3$$

<42 ページの答え >

答 ① 約28m   ② 約1m

① 単位をmにして，$0.8 : 15 = 1.5 : \square$

$\square = 1.5 \div 0.8 \times 15 = 28.125$(m)

② 単位をcmにして，$21 : 530 = 4 : \square$

$\square = 4 \div 21 \times 530 = 100.95\cdots$(cm)

<50 ページの答え >

答 教会

ノース岬の見はり台からサウス湾の見はり台までは20kmで，地図上では10cm。したがって，この地図は1：200000の縮尺である。

9.4kmは4.7cm，4.8kmは2.4cm，6kmは3cmだから，それぞれの場所からコンパスを使って円をかけば，3つの円の中に入るところに姫がいることがわかる。

<64 ページの答え >

答 **1** $123 - 45 - 67 + 89 = 100$

2 $123 + 45 - 67 + 8 - 9 = 100$

3 $12 \div 3 \div 4 + 5 \times 6 + 78 - 9 = 100$

4 $12 - 3 - 4 + 5 - 6 + 7 + 89 = 100$

5 $1 + 23 - 4 + 56 + 7 + 8 + 9 = 100$

6 $1 + 2 + 3 - 4 + 5 + 6 + 78 + 9 = 100$

<76 ページの答え >

答 ① 息子を向こう岸へ連れていく。

② 農夫だけもどる。

③ 犬を連れていく（りんごでもよい）。

④ 息子を連れてもどる。

⑤ 息子を置いてりんごだけ運ぶ（③でりんごを運んだ場合は犬）。

⑥ 農夫だけもどる。

⑦ 息子を連れていく。

さくいん　この本に出てくるたいせつなことば

□ 編集協力　株式会社キーステージ21　植木幸子　藤川典子
□ デザイン　福永重孝
□ 図版作成　伊豆嶋恵理　田中雅信　有限会社デザインスタジオエキス.
□ イラスト　ふるはしひろみ　よしのぶもとこ

シグマベスト
これでわかる
算数　小学6年　文章題・図形

編　者　文英堂編集部
発行者　益井英郎
印刷所　NISSHA株式会社
発行所　株式会社文英堂

本書の内容を無断で複写（コピー）・複製・転載することを禁じます。また，私的使用であっても，第三者に依頼して電子的に複製すること（スキャンやデジタル化等）は，著作権法上，認められていません。

〒601-8121　京都市南区上鳥羽大物町28
〒162-0832　東京都新宿区岩戸町17
（代表）03-3269-4231

©BUN-EIDO　2011　　　　Printed in Japan　　　　●落丁・乱丁はおとりかえします。

Σ BEST

シグマベスト

これでわかる
算数 小学6年
文章題・図形

くわしく
わかりやすい

答えと解き方

- 「答え」は見やすいように，ページごとに"わくがこみ"の中にまとめました。
- 「考え方・解き方」では，図や表などをたくさん入れ，解き方がよくわかるようにしています。
- 「知っておこう」では，これからの勉強に役立つ，進んだ学習内容をのせています。

文英堂

1 円の面積

7 ページ

確認テストの答え

❶ (1) 157cm² (2) 25.12cm²
 (3) 86cm² (4) 9.12cm²
❷ 28.26m²
❸ (1) 4000m² (2) 151.5m²

考え方・解き方

❶ 円の面積＝半径×半径×3.14
(1) 下につき出た半円を上に移すと大きい半円になる。
 10×10×3.14÷2＝157（cm²）
(2) 大きい半円の面積から小さい半円2つの面積をひく。
 大きい半円 （8＋4）÷2＝6
 6×6×3.14÷2＝56.52（cm²）
 小さい半円 左 8÷2＝4
 4×4×3.14÷2＝25.12（cm²）
 右 4÷2＝2
 2×2×3.14÷2＝6.28（cm²）
 56.52－（25.12＋6.28）＝25.12（cm²）
(3) 2つの半円をあわせると，1つの円になる。正方形の面積から円の面積をひく。
 正方形 20×20
 ＝400（cm²）
 円 20÷2＝10
 10×10×3.14＝314（cm²）
 400－314＝86（cm²）

(4)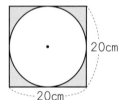
 円の 1/4 4×4×3.14÷4＝12.56（cm²）
 三角形 4×4÷2＝8（cm²）
 （12.56－8）×2＝9.12（cm²）

別の考え方
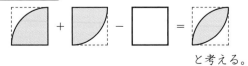
 と考える。
 4×4×3.14÷4×2－4×4＝9.12（cm²）

❷ 直径＝円周÷3.14 だから，
 18.84÷3.14＝6（m）
 6÷2＝3（m）…半径
 よって，面積は，3×3×3.14＝28.26（m²）
❸ (1) 長方形 40×70＝2800（m²）
 円 20×20×3＝1200（m²）
 2800＋1200＝4000（m²）

(2) 曲線部分の面積は直径
 （40＋1＋1）m の円の半分
 の面積から直径 40m の円
 の半分の面積をひく。
 42÷2＝21
 21×21×3÷2
 －20×20×3÷2
 ＝（21×21－20×20）×3÷2
 ＝61.5（m²）
 あとは長方形の面積となる。曲線部分の長さは，
 40×3÷2＝60
 150－60＝90（m）←長方形の横の長さ
 長方形の面積は，1×90＝90（m²）
 求める面積は，61.5＋90＝151.5（m²）

チャレンジテストの答え

8 ページ

❶ (1) 28.5cm² (2) 18.24cm²
❷ 100.48m²
❸ 5.57cm²
❹ (1) 18.28cm (2) 36.56cm²

考え方・解き方

❶ (1) 右の図で，赤い部分の1つ分は，どれも，半径が 5cm の円の 1/4 から等しい2辺が 5cm の直角二等辺三角形の面積をひいたものだから，面積は同じである。
 右の図のように赤い部分を移して，半径が 10cm の円の 1/4 の面積から等しい2辺が 10cm の直角二等辺三角形の面積をひく。
 10×10×3.14÷4－10×10÷2＝28.5（cm²）

(2) 右の図のように形を移して考える。

半径4cmの円の面積から，対角線の長さが8cmの正方形の面積をひく。

$4 \times 4 \times 3.14 - 8 \times 8 \div 2 = 18.24$（cm²）

知っておこう　対角線の長ささかわからない正方形の面積は，次の公式で求めることができる。

正方形の面積＝対角線×対角線÷2

2 羊が行動できるはん囲は，次の赤い色の部分である。

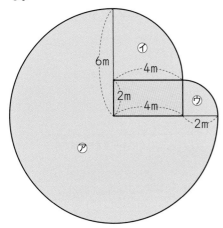

㋐　$6 \times 6 \times 3.14 \div 4 \times 3 = 84.78$（m²）

㋑　$4 \times 4 \times 3.14 \div 4 = 12.56$（m²）

㋒　$2 \times 2 \times 3.14 \div 4 = 3.14$（m²）

$84.78 + 12.56 + 3.14 = 100.48$（m²）

3 右の図で，㋐の角は，

$90° - 45° = 45°$

㋑の角は，

$90° - 45° = 45°$

㋒の角は，

$180° - 45° \times 3 = 45°$

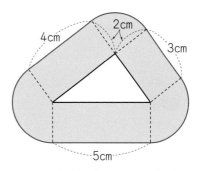

㋐，㋑，㋒の部分の角はすべて45°だから，㋐と㋒，㋓と㋔はそれぞれ面積が同じである。よって，矢印のように面積を移して考えると，求める面積は正方形と半円になる。

$2 \times 2 + 1 \times 1 \times 3.14 \div 2 = 5.57$（cm²）

4 (1) 円の中心は右の図の赤い線のように動く。直線部分と曲線部分に分けて考える。かどの部分の3か所をあわせると，半径が

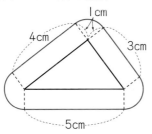

1cmの円になる。

直線部分　$4 + 3 + 5 = 12$（cm）

曲線部分　$1 \times 2 \times 3.14 = 6.28$（cm）

$12 + 6.28 = 18.28$（cm）

(2) 円が通過した部分は，下の図の赤い部分である。

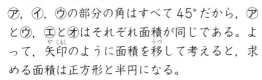

長方形と円に分けて考える。かどの部分の3か所をあわせると，半径が2cmの円になる。

長方形　$2 \times (4 + 3 + 5) = 24$（cm²）

円　　　$2 \times 2 \times 3.14 = 12.56$（cm²）

$24 + 12.56 = 36.56$（cm²）

2 文字と式

確認テストの答え　11ページ

❶ $(a-31)×1.7=b$
　$a=50$ のとき　$b=32.3$

❷ $b=24-a$ （$a+b=24$ でもよい）

❸ (1)$b=18-a$　　(2)10.8cm

❹ (1)$b=a×7$　　(2)42.7cm²

考え方・解き方

❶ 文章の順番に式をつくるとよい。
　$(a-31)×1.7=b$
　$a=50$ のとき，上の式にあてはめると
　$(50-31)×1.7=19×1.7=32.3$

❷ 1日は24時間である。　$b=24-a$

❸ (1)長方形の縦と横はそれぞれ2つずつある。
　　$36÷2=18$　　$b=18-a$
　(2)$a=7.2$ をあてはめる
　　$b=18-7.2=10.8$(cm)

❹ (1)平行四辺形の面積の公式にあてはめる。
　　$b=a×7$
　(2)$a=6.1$ をあてはめるとよい。
　　$b=6.1×7=42.7$(cm²)

確認テストの答え　13ページ

❶ (1)$(336+x)÷5=84.8$
　(2)88点

❷ 310円

❸ 34cm

❹ 約7.9cm

❺ 7.8cm

考え方・解き方

❶ (1)1回目から4回目までの点数の和は
　　$78+86+80+92=336$
　　$(336+x)÷5=84.8$
　(2)(1)の式より　$336+x=84.8×5$
　　逆算して，　$x=88$(点)

❷ $x×18+115×6=1860$

逆算して x を求めると，$x=65$(円)
$65×3+115=310$(円)

❸ $(x+20)×32÷2=36×24$
　逆算して x を求めると，$x=34$(cm)

❹ $1L=1000cm³$　　$9×14×x=1000$
　逆算して，x を求めると，$x=7.9\dot{3}6…$(cm)

❺ 高さを x cm とする。
　$(13+2)×x÷2=13×9÷2$
　逆算して x を求めると，$x=7.8$(cm)

チャレンジテスト①の答え　14ページ

❶ (1)⑰　(2)⑰　(3)⑰　(4)⑰

❷ 商308，余り16

❸ 5

❹ 2.7

❺ 9

考え方・解き方

❶ (1)$6×x$ は6の倍数。
　　2をひくということは $6-2=4$ で，6の倍数
　　に4をたしたものということになるので，6で
　　わると4余るということになる。
　(2)$2×x$ は2の倍数だから，2の倍数から1ひい
　　たもの，または，2の倍数に1たしたもの。
　　つまり，2でわり切れない数だから奇数。
　(3)$2×x×5=2×5×x=10×x$
　　10の倍数ということになる。
　(4)$10×x-x=(10-1)×x=9×x$
　　9の倍数ということになる。

❷ ある数を x とする。
　$x÷28=253…16$　　$x=28×253+16$
　$x=7100$　　$7100÷23=308…16$

❸ 関係を式に表す。
　$A+B+C+D=180$
　$D-5=A×5$, $D=A×5+5$　…⑦
　$\frac{1}{5}×B=A×5$ より，$B=A×5×5$
　　$B=A×25$　…⑦
　$C+5=A×5$ より，$C=A×5-5$　…⑦
　⑦, ⑦, ⑦を $A+B+C+D=180$ にあてはめる。
　$A+A×25+A×5-5+A×5+5=180$
　$A×(1+25+5+5)=180$
　$A=180÷36=5$

4 $(2＋4)×3.5÷2＋(3.5＋5)×x÷2$
$＝21.975$
$6×3.5÷2＋8.5×x÷2＝21.975$
逆算し，x を求めると，$x＝2.7$

5 関係を式に表すと，$A×B＝63$ …⑦
$A×C＝21$ → $A＝21÷C$ …⑦
$B×C＝27$ → $B＝27÷C$ …⑦
⑦に⑦と⑦をあてはめると
$21÷C×27÷C＝63$
$21÷C×27＝63×C$
$21×27＝63×C×C$
$C×C＝567÷63$　　$C×C＝9$　　$C＝3$
$C＝3$ を⑦の式にあてはめると
　$B＝27÷3$　　$B＝9$

チャレンジテスト②の答え　**15**ページ

1 (1) 40m　　(2) 30m
2 8 本
3 A…450 円　　B…1350 円
　　C…1800 円
4 (1)⑦，⑦　　(2) 14 人

考え方・解き方

1 (1) $7.2a＝720㎡$　　$AD＝xm$ とすると，
$(x＋2×x)×24÷2＝720$
逆算して x を求めると，$x＝20$
BC は AD の 2 倍だから　$20×2＝40$(m)
(2) $BE＝xm$ とすると，
$x×24÷2＝720÷2$
逆算して x を求めると，$x＝30$(m)

2 100 円のえん筆を x 本とすると，50 円のえん
筆は $3×x$ となる。
$50×3×x＋100×x＝2000$
逆算して x を求めると，$x＝8$(本)

3 A，B，C のもらう金額を式にすると
$B＝A×3$，$C＝A×4$ だから
$A＋A×3＋A×4＝3600$
$A×(1＋3＋4)＝3600$
$A×8＝3600$　　$A＝3600÷8$　　$A＝450$(円)
$B＝450×3＝1350$(円)，
$C＝450×4＝1800$(円)

4 (1)⑦…$(24－20)$ の 24 の単位は m，20 の単位
は 20cm。だから，正しくない。

---

⑦…24m から 0.2m をひいた長さを 1.7m ずつ
切っていったら x 人に分けられた，というこ
とだから正しい。
⑦…24＋0.2 というのは 24.2m のひもがあっ
たことになるから，正しくない。
⑦…1.7m の x 人分と 0.2m で 24m になるとい
うことだから正しい。
(2)⑦より　$(24－0.2)÷1.7＝x$
$x＝(24－0.2)÷1.7$ なので，計算すると，
$x＝14$
別の考え方　⑦より　$1.7×x＋0.2＝24$
逆算して x を求めると，$x＝14$

---

3 分数のかけ算とわり算

確認テスト①の答え　**20**ページ

1 $3\dfrac{1}{12}$ kg
2 3㎡
3 12kg
4 $6\dfrac{3}{7}$ m
5 750 円

考え方・解き方

1 $12\dfrac{1}{3}$ kg を 4 でわった重さが 1 人分の米の重さ。
$$12\dfrac{1}{3}÷4＝\dfrac{37}{3}÷4＝\dfrac{37}{3×4}＝\dfrac{37}{12}$$
$$＝3\dfrac{1}{12}(kg)$$

2 $\dfrac{4}{7}$ ㎡ の $5\dfrac{1}{4}$ 倍の広さをぬれる。
$$\dfrac{4}{7}×5\dfrac{1}{4}＝\dfrac{4}{7}×\dfrac{21}{4}＝\dfrac{\overset{1}{4}×\overset{3}{21}}{\underset{1}{7}×\underset{1}{4}}＝3(㎡)$$

3 $3\dfrac{3}{4}$ kg の $3\dfrac{1}{5}$ 倍の重さである。
$$3\dfrac{3}{4}×3\dfrac{1}{5}＝\dfrac{15}{4}×\dfrac{16}{5}＝\dfrac{\overset{3}{15}×\overset{4}{16}}{\underset{1}{4}×\underset{1}{5}}＝12(kg)$$

4 使った針金は，$1\dfrac{2}{7}×9＝\dfrac{9}{7}×9＝\dfrac{81}{7}$(m)
よって，残った針金は，

$$18 - \frac{81}{7} = \frac{126}{7} - \frac{81}{7} = \frac{45}{7} = 6\frac{3}{7}\text{(m)}$$

❺ 2700 円を $3\frac{3}{5}$ でわった値段が 1m の値段。

$$2700 \div 3\frac{3}{5} = 2700 \div \frac{18}{5} = 2700 \times \frac{5}{18}$$
$$= \frac{\overset{150}{\cancel{2700}} \times 5}{\cancel{18}} = 750\text{(円)}$$

確認テスト② の答え　　21 ページ

❶ 20m

❷ $330\frac{1}{5}$ cm

❸ $2\frac{1}{4}$ m²

❹ $3\frac{1}{12}$ kg

❺ $\frac{191}{600}$ kg

考え方・解き方

❶ リボンは $\frac{5}{8}$ m の 32 倍必要である。

$$\frac{5}{8} \times 32 = \frac{5 \times \overset{4}{\cancel{32}}}{\cancel{8}} = 20\text{(m)}$$

❷ $20\frac{1}{5} + 5\frac{1}{6} \times 60$

$$= 20\frac{1}{5} + \frac{31}{6} \times 60$$
$$= 20\frac{1}{5} + \frac{31 \times \overset{10}{\cancel{60}}}{\cancel{6}}$$
$$= 20\frac{1}{5} + 310$$
$$= 330\frac{1}{5}\text{(cm)}$$

❸ $\frac{27}{4} \div 3 = \frac{27}{4 \times 3} = \frac{9}{4} = 2\frac{1}{4}$ (m²)

❹ $12\frac{1}{3} \div 4 = \frac{37}{3} \div 4 = \frac{37}{3 \times 4} = \frac{37}{12}$

$$= 3\frac{1}{12}\text{(kg)}$$

❺ $2\frac{1}{4} \div 30 + 4\frac{1}{6} \div 50 + 4\frac{1}{5} \div 70 + \frac{1}{10}$

$$= \frac{9}{4} \div 30 + \frac{25}{6} \div 50 + \frac{21}{5} \div 70 + \frac{1}{10}$$
$$= \frac{\overset{3}{\cancel{9}}}{4 \times \underset{10}{\cancel{30}}} + \frac{25}{6 \times \underset{2}{\cancel{50}}} + \frac{\overset{3}{\cancel{21}}}{5 \times \underset{10}{\cancel{70}}} + \frac{1}{10}$$
$$= \frac{3}{40} + \frac{1}{12} + \frac{3}{50} + \frac{1}{10}$$
$$= \frac{45}{600} + \frac{50}{600} + \frac{36}{600} + \frac{60}{600}$$
$$= \frac{191}{600}\text{(kg)}$$

確認テスト① の答え　　23 ページ

❶ 9人

❷ 54 枚

❸ $49\frac{3}{5}$ kg (49.6kg)

❹ $3\frac{3}{5}$ m (3.6m)

❺ (1) $1\frac{3}{5}$ t (1.6t)

　　(2) 2t

考え方・解き方

❶
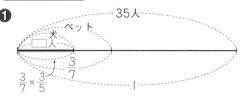

犬をかっている人は, 全体の $\frac{3}{7} \times \frac{3}{5}$ にあたる。

$\frac{3}{7} \times \frac{3}{5} = \frac{9}{35}$　つまり, 全体の $\frac{9}{35}$ である。

求める人数は,

$$35 \times \frac{9}{35} = \frac{35 \times 9}{\cancel{35}} = 9\text{(人)}$$

❷
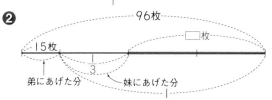

妹にあげたのは, $(96 - 15)$ の $\frac{1}{3}$

$(96-15) \times \frac{1}{3} = 81 \times \frac{1}{3} = \frac{\overset{27}{\cancel{81}}}{3} = 27$

$96 - 15 - 27 = 54$（枚）

別の考え方　弟にあげた残りの $\frac{2}{3}$ が，つよしさ

んの持っている枚数。

$(96-15) \times \left(1 - \frac{1}{3}\right) = 81 \times \frac{2}{3} = 54$（枚）

❸

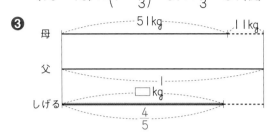

父の体重は，$51 + 11 = 62$（kg）

しげるさんは，$62 \times \frac{4}{5} = \frac{62 \times 4}{5} = 49\frac{3}{5}$（kg）

❹

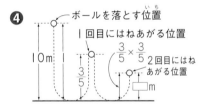

2回目にはねあがる高さは，

もとの高さの $\frac{3}{5} \times \frac{3}{5}$ にあたる。

$\frac{3}{5} \times \frac{3}{5} = \frac{3 \times 3}{5 \times 5} = \frac{9}{25}$

$10 \times \frac{9}{25} = \frac{\overset{2}{\cancel{10}} \times 9}{\underset{5}{\cancel{25}}} = \frac{18}{5} = 3\frac{3}{5}$（m）

❺（1）分数と小数の混じった計算では，小数を分数になおして計算する。

$15.6 \div 9\frac{3}{4} = \frac{156}{10} \div \frac{39}{4} = \frac{78}{5} \times \frac{4}{39}$

$= \frac{\overset{2}{\cancel{78}} \times 4}{5 \times \cancel{39}} = \frac{8}{5} = 1\frac{3}{5}$（t）

（2）今年のとれ高は，昨年のとれ高の $\left(1 + \frac{1}{4}\right)$ 倍だから，1a あたりのとれ高も，$\left(1 + \frac{1}{4}\right)$ 倍になる。

$1\frac{3}{5} \times \left(1 + \frac{1}{4}\right) = \frac{8}{5} \times \frac{5}{4} = \frac{\overset{2}{\cancel{8}} \times \cancel{5}}{\cancel{5} \times \cancel{4}} = 2$（t）

確認テスト② の答え　　24ページ

- ❶　30km
- ❷　248ページ
- ❸　72個
- ❹　120cm
- ❺　3150円

考え方・解き方

❶

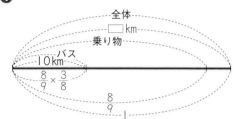

バスに乗った 10km は，道のり全体の，

$\frac{8}{9} \times \frac{3}{8} = \frac{\cancel{8} \times \cancel{3}}{\cancel{9} \times \cancel{8}} = \frac{1}{3}$

$10 \div \frac{1}{3} = 10 \times 3 = 30$（km）

❷　1日目に全体の $\frac{3}{8}$

2日目は残りの $\frac{4}{5}$ だから，

$\left(1 - \frac{3}{8}\right) \times \frac{4}{5} = \frac{5}{8} \times \frac{4}{5} = \frac{\cancel{5} \times \overset{1}{\cancel{4}}}{\underset{2}{\cancel{8}} \times \cancel{5}} = \frac{1}{2}$

3日目は31ページで，全体の，

$1 - \left(\frac{3}{8} + \frac{1}{2}\right) = 1 - \left(\frac{3}{8} + \frac{4}{8}\right) = 1 - \frac{7}{8} = \frac{1}{8}$

よって，本全体のページ数は，

$31 \div \frac{1}{8} = 31 \times \frac{8}{1} = 248$（ページ）

❸　66個が全体のどれだけにあたるのかを考えて答えを求める。

$66 \div \left(\frac{2}{3} + \frac{1}{4}\right) = 66 \div \left(\frac{8}{12} + \frac{3}{12}\right)$

$= 66 \div \frac{11}{12} = 66 \times \frac{12}{11}$

$= \frac{\overset{6}{\cancel{66}} \times 12}{\cancel{11}} = 72$（個）

❹　黄色を1として，3本のリボンの長さの和がどれだけに表されるか考える。

黄色を I とすると，

赤色は，$1 \div \dfrac{4}{5} = 1 \times \dfrac{5}{4} = \dfrac{5}{4}$

青色は，$1\dfrac{1}{2} = \dfrac{3}{2}$

全体は，$\dfrac{5}{4} + 1 + \dfrac{3}{2} = \dfrac{15}{4}$

全体は 450cm だから，I にあたる黄色は，

$450 \div \dfrac{15}{4} = 450 \times \dfrac{4}{15} = \dfrac{\overset{30}{450} \times 4}{\underset{1}{15}} = 120\,(\text{cm})$

❺

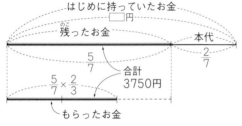

はじめに持っていたお金を I とすると，
本を買ったあとの残りのお金は，

$1 - \dfrac{2}{7} = \dfrac{5}{7}$

次の日にもらったお金は，

$\dfrac{5}{7} \times \dfrac{2}{3} = \dfrac{10}{21}$

よって，今持っているお金は，

$\dfrac{5}{7} + \dfrac{10}{21} = \dfrac{15}{21} + \dfrac{10}{21} = \dfrac{25}{21}$

これが 3750 円だから，

$3750 \div \dfrac{25}{21} = 3750 \times \dfrac{21}{25} = \dfrac{\overset{150}{3750} \times 21}{\underset{1}{25}}$

$= 3150\,(\text{円})$

チャレンジテスト① の答え　25ページ

❶ 10L
❷ 2400 円
❸ 350 ページ
❹ 20L

考え方・解き方

❶ Ikg の体積は，

$1\dfrac{1}{5} \div 1.8 = \dfrac{6}{5} \div \dfrac{18}{10} = \dfrac{6}{5} \times \dfrac{10}{18} = \dfrac{2}{3}\,(\text{L})$

よって，15kg の体積は，

$\dfrac{2}{3} \times 15 = 10\,(\text{L})$

❷ 700 円が，持っていたお金のどれだけになるか
を考える。

$1 - \dfrac{1}{3} - \dfrac{3}{8} = \dfrac{24}{24} - \dfrac{8}{24} - \dfrac{9}{24} = \dfrac{7}{24}$

$700 \div \dfrac{7}{24} = 700 \times \dfrac{24}{7} = 2400\,(\text{円})$

❸ 125 ページが，本全体のどれだけになるかを考
える。

初日…$\dfrac{2}{7}$

2 日目…$\left(1 - \dfrac{2}{7}\right) \times \dfrac{1}{5} = \dfrac{5}{7} \times \dfrac{1}{5} = \dfrac{1}{7}$

3 日目…$\dfrac{2}{7} \times \dfrac{3}{4} = \dfrac{3}{14}$

よって，125 ページは全体の，

$1 - \dfrac{2}{7} - \dfrac{1}{7} - \dfrac{3}{14} = \dfrac{14}{14} - \dfrac{4}{14} - \dfrac{2}{14} - \dfrac{3}{14}$

$= \dfrac{5}{14}$

$125 \div \dfrac{5}{14} = 125 \times \dfrac{14}{5} = 350\,(\text{ページ})$

❹ 加えた水が，A，B それぞれのどれだけになるか
を考える。

A…$\dfrac{1}{2} - \dfrac{2}{5} = \dfrac{5}{10} - \dfrac{4}{10} = \dfrac{1}{10}$

B…$\dfrac{5}{6} - \dfrac{2}{3} = \dfrac{5}{6} - \dfrac{4}{6} = \dfrac{1}{6}$

よって，A の $\dfrac{1}{10}$ と B の $\dfrac{1}{6}$ が加えた水で等しい。

加えた水を I とすると，A，B の容積は，

A…$1 \div \dfrac{1}{10} = 10$　　　B…$1 \div \dfrac{1}{6} = 6$

A と B の容積の和が 32L だから，

$32 \div (10 + 6) = 2\,(\text{L})$ …加えた水

よって，A の容積は，$2 \times 10 = 20\,(\text{L})$

チャレンジテスト② の答え　26ページ

❶ 小さい整数 … 45

　小さい分数 … $11\dfrac{1}{4}\left(\dfrac{45}{4}\right)$

❷ 12L

③ $22\dfrac{2}{3}\left(\dfrac{68}{3}\right)$

④ 90 本

⑤ 42cm

⑤ $(13-1)\div\left(1-\dfrac{1}{4}\right)=12\times\dfrac{4}{3}=16$

$(16-3)\div\left(1-\dfrac{1}{2}\right)=13\times2=26$

$(26+2)\div\left(1-\dfrac{1}{3}\right)=28\times\dfrac{3}{2}=42(cm)$

考え方・解き方

① 3つの分数を仮分数にして考える

$$\dfrac{4}{3},\ \dfrac{12}{5},\ \dfrac{16}{9}$$

　整数をかけて整数にする場合は，分母の公倍数をかけるとよい。この場合，最も小さい整数なので，3, 5, 9 の最小公倍数，45 となる。
分数をかけて整数にする場合は，

$\dfrac{\text{分母の公倍数}}{\text{分子の公約数}}$をかけるとよい。問題は，最も小さい分数ということなので$\dfrac{\text{分母の最小公倍数}}{\text{分子の最大公約数}}$をかけることになる。4, 12, 16 の最大公約数は 4 だから，$\dfrac{45}{4}=11\dfrac{1}{4}$

② 5L が容器のどれだけになるかを考える。

$\dfrac{3}{4}-\dfrac{1}{3}=\dfrac{9}{12}-\dfrac{4}{12}=\dfrac{5}{12}$

$5\div\dfrac{5}{12}=5\times\dfrac{12}{5}=12(L)$

③ $2\dfrac{2}{17}=\dfrac{36}{17},\ 3\dfrac{3}{4}=\dfrac{15}{4}$

$\dfrac{36}{17}$をかけても$\dfrac{15}{4}$をかけても整数になる分数は，分子が 17 と 4 の公倍数で，分母が 36 と 15 の公約数である分数。

もっとも小さい数だから，分子が 17 と 4 の最小公倍数の 68，分母が 36 と 15 の最大公約数の 3 となって，$\dfrac{68}{3}=22\dfrac{2}{3}$

④ 全体の本数は，$120\div\dfrac{2}{5}$で求められる。

$120\div\dfrac{2}{5}=120\times\dfrac{5}{2}=300(本)$

全体を 1 とすると，白色は，$\dfrac{2}{5}\times\dfrac{3}{4}=\dfrac{3}{10}$

黄色は，$1-\dfrac{2}{5}-\dfrac{3}{10}=\dfrac{10}{10}-\dfrac{4}{10}-\dfrac{3}{10}=\dfrac{3}{10}$

$300\times\dfrac{3}{10}=90(本)$

4 対称な図形

確認テストの答え　29ページ

① (1) 4 本　　(2) 6 本

② (1) 辺 FE　　(2) 点 P

　(3) 直線 QD

③ (1)　　　　　　　(2)

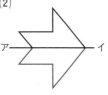

④ (1) 二等辺三角形　(2) 115°　(3) 18cm²

考え方・解き方

① 対称の軸をかき入れると，次のようになる。

(1)　　　　　　　(2)

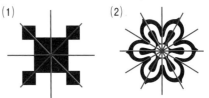

② 対称の軸がどこかをしっかり確かめて，対応する点，辺をみつけていくことが大切である。

(1)の場合（右図）
対応する点を結ぶ直線と対称の軸は垂直に交わる

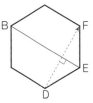

③ (1), (2)とも，対応する点をとり，順に結んでいく。

(1)　　　　　　　(2)

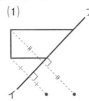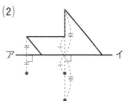

❹ (1) 対応する辺, 対応する
角は等しいので,
三角形 ABI と三角形
HGI は合同。したがっ
て, IB＝IG。2 辺が等
しいので, 三角形 IBG
は二等辺三角形。

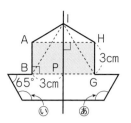

(2) ⑩＝360°－(90°＋90°＋65°)
＝115°
⑩と⑩は等しいので 115°

(3) BP＝3cm, BG＝3×2＝6cm
HG＝3cm
3×6＝18(cm²)

確認テストの答え　31 ページ

❶ ⑦, ㋗, ㋗, ㋙

❷ (1) 点 F　　　　(2) 辺 HA
(3) 55°　　　　(4) 5cm

❸ (1)　　(2)　　(3)

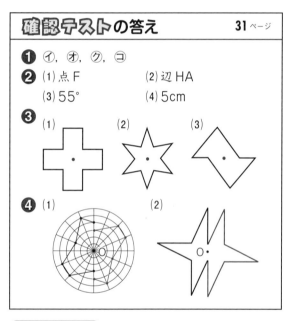

❹ (1)　　(2)

考え方・解き方

❷ (1) 点 B と対称の中心 O を結び, その線をのばす
と点 F に対応する。
(2) (1)と同じように考える。
(3) 角 G と対応する角は角 C。
(4) 辺 BC に対応する辺は,
辺 FG で 5cm。

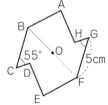

❸ (1)

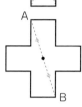

対応する点を結ぶ 2 本
の直線の交わる点

対応する点を結び, AB よ
り等しい点を求める。

❹ (2) 対応する点を下の図のようにとり, 結んでい
く。

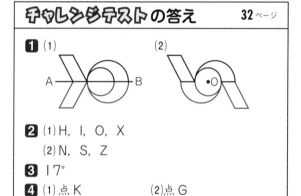

チャレンジテストの答え　32 ページ

❶ (1)　　(2)

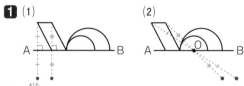

❷ (1) H, I, O, X
(2) N, S, Z

❸ 17°

❹ (1) 点 K　　　　(2) 点 G

考え方・解き方

❶ (1)　　(2)

❷ 1 型のアルファベット
(A, H, I, M, O, T, U, V, W, X, Y)
2 型のアルファベット
(B, C, D, E, H, I, O, X)
3 型のアルファベット
(H, I, N, O, S, X, Z)

❸ 右の図のあ，い，う，えの
角を求める。
角あは，
$90°-62°=28°$
角あ＝角いなので
角い＝$28°$
角うは $62°-28°=34°$
三角形 ABE は，二等辺三角形なので，
角え＝$(180°-角う)÷2$
　　　＝$(180°-34°)÷2=73°$
$x=90°-73°$
$x=17°$

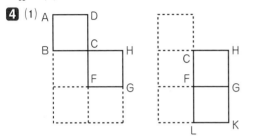

❹ (1) 点 B は点 H に重なる。点 H は点 K に重なる。

5 比とその利用

確認テストの答え　35ページ

❶ 8：15
❷ 4：3
❸ (1) 比…4：1　　比の値…4
　　(2) 比…3：1　　比の値…3
　　(3) 比…3：4　　比の値…$\frac{3}{4}$
❹ 7：9
❺ 20：33

考え方・解き方
❶ 単位を分に合わせて，比を求める。
自転車を使った時間は，40 分
歩いた時間は，1 時間 15 分＝75 分
よって，$40：75=8：15$
　前項と後項を 5 でわる
❷ たかしさんは 1km＝1000m 歩いた。

弟は，750m 歩いたので，同じ時間に歩くきょり
の比は
$1000：750=4：3$
　前項と後項を 250 でわる
❸ ジュースの原液を 1 とすると，アップルジュー
ス全体は 4 だから，水の量は，4－1＝3
(1) 4：1
　　比の値は，$4÷1=4$
(2) 3：1
　　比の値は，$3÷1=3$
(3) 3：4
　　比の値は，$3÷4=\frac{3}{4}$
❹ お兄さんが持っているお金を 1 とすると，なつ
こさんが持っているお金は $\frac{7}{9}$
$\frac{7}{9}：1=\frac{7}{9}：\frac{9}{9}=7：9$
　前項と後項に 9 をかける
❺ ひろしさんの家の近くの公園の面積は，
$80×100=8000（㎡）$
みほさんの家の近くの公園の面積は，
$110×120=13200（㎡）$
よって，$8000：13200=80：132=20：33$
　前項と後項を 4 でわる

確認テスト① の答え　38ページ

❶ 1375 冊
❷ 6L
❸ 9.75㎡$\left(9\frac{3}{4}㎡\right)$
❹ 300 人

考え方・解き方
❶ 科学の本を x 冊とすると，
$8：5=2200：x$
$2200÷8=275$
前項と後項に 275 をかけるのだから，
$5×275=1375（冊）$
❷ 青色のペンキを xL とすると，
$4：7=x：10.5$
$10.5÷7=1.5$
前項と後項に 1.5 をかけるのだから，
$4×1.5=6（L）$

❸ あやめの植えてある面積を $x\text{m}^2$ とすると，

$4 : 5 = 7.8 : x$

$7.8 \div 4 = 1.95$

前項と後項に 1.95 をかけるのだから，

$5 \times 1.95 = 9.75 \,(\text{m}^2)$

$\boxed{\text{別の考え方}}$ $7.8 \div 4 = \dfrac{78}{40} = \dfrac{39}{20}$

$5 \times \dfrac{39}{20} = \dfrac{39}{4} = 9\dfrac{3}{4}\,(\text{m}^2)$

と分数にしてもよい。

❹ 男子と女子の人数の比が 23：20 だから，
男子と女子の差と女子の比は，

$(23 - 20) : 20 = 3 : 20$

女子の人数を x 人とすると，

$3 : 20 = 45 : x$

$45 \div 3 = 15$

前項と後項に 15 をかけるのだから，

$20 \times 15 = 300\,(\text{人})$

確認テスト② の答え　　39 ページ

❶ 姉…1m60cm　　妹…1m20cm
❷ 約 0.05m³
❸ 60cm²
❹ 75°
❺ 赤いボール…18 個　青いボール…36 個

考え方・解き方

❶
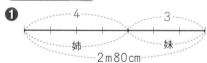

姉のリボンは，全体の $\dfrac{4}{4+3} = \dfrac{4}{7}$

妹のリボンは，全体の $\dfrac{3}{4+3} = \dfrac{3}{7}$

2m80cm＝280cm

姉…$280 \times \dfrac{4}{7} = 160\,(\text{cm})$

妹…$280 \times \dfrac{3}{7} = 120\,(\text{cm})$

❷

空気中には，酸素は $\dfrac{1}{1+4} = \dfrac{1}{5}$ ふくまれる。

$0.23 \times \dfrac{1}{5} = 0.046\,(\text{m}^3) \rightarrow 0.05\,(\text{m}^3)$

❸ 縦と横の長さの和は，$32 \div 2 = 16\,(\text{cm})$

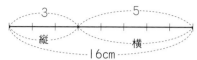

縦の長さは，16cm の $\dfrac{3}{3+5} = \dfrac{3}{8}$

横の長さは，16cm の $\dfrac{5}{3+5} = \dfrac{5}{8}$

縦…$16 \times \dfrac{3}{8} = 6\,(\text{cm})$

横…$16 \times \dfrac{5}{8} = 10\,(\text{cm})$

よって，面積は，$6 \times 10 = 60\,(\text{cm}^2)$

❹ 三角形の 3 つの角の大きさの和は 180°

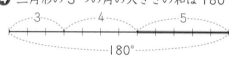

いちばん大きな角は 5 にあたる角だから，全体の，

$\dfrac{5}{3+4+5} = \dfrac{5}{12}$

$180° \times \dfrac{5}{12} = 75°$

❺
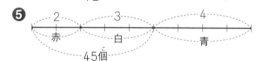

赤いボールと白いボールの和が 45 個で，その比が 2：3 だから，

赤…$45 \times \dfrac{2}{2+3} = 45 \times \dfrac{2}{5} = 18\,(\text{個})$

また，赤いボールと青いボールの比が 2：4 だから，青いボールを x 個とすると，

$2 : 4 = 18 : x$

$18 \div 2 = 9$

前項と後項に 9 をかけるのだから，

$4 \times 9 = 36\,(\text{個})$

チャレンジテスト① の答え　　40 ページ

❶ 11 枚
❷ 10：9
❸ 77：50
❹ 180cm

考え方・解き方

1 はるかさんがみほさんにシールをあげる前とあげた後の，2人のシールの数の和は変わらない。

$43+29=72（枚）$

あげた後のはるかさんのシールの数を求める。

$\dfrac{4}{4+5}=\dfrac{4}{9}$ $72\times\dfrac{4}{9}=32（枚）$

はるかさんがみほさんにあげた枚数は，

$43-32=11（枚）$

2 人口＝1km² あたりの人口×面積である。

1km² あたりの人口の比は，

$（A市）：（B市）=3：2=1：\underset{\underset{\text{前項と後項を3でわる}}{\downarrow}}{\dfrac{2}{3}}$

（A市の面積）：（B市の面積）$=1：x$ とすると，

（A市の人口）：（B市の人口）$=(1\times1)：\left(\dfrac{2}{3}\times x\right)$

また，（A市の人口）：（B市の人口）

$=\underset{\underset{\text{前項と後項を5でわる}}{\downarrow}}{5：3}=1：\dfrac{3}{5}$

だから，$(1\times1)：\left(\dfrac{2}{3}\times x\right)=1：\dfrac{3}{5}$

よって，$\dfrac{2}{3}\times x=\dfrac{3}{5}$

$x=\dfrac{3}{5}\div\dfrac{2}{3}=\dfrac{3}{5}\times\dfrac{3}{2}=\dfrac{9}{10}$

（A市の面積）：（B市の面積）$=1：\underset{\underset{\text{前項と後項に10をかける}}{\downarrow}}{\dfrac{9}{10}}=10：9$

3 兄が10歩であるく道のりと弟が11歩であるく道のりが等しいから，

（兄の歩はば）：（弟の歩はば）$=11：10$

あるくきょり＝歩はば×歩数だから，あるくきょりの比は，$(7\times11)：(5\times10)=77：50$

4 はじめのAの長さを1とすると，はじめのBの長さは，$6\div5=\dfrac{6}{5}$

切り取った後のBの長さは，

$\dfrac{6}{5}\times\left(1-\dfrac{1}{4}\right)=\dfrac{6}{5}\times\dfrac{3}{4}=\dfrac{9}{10}$

これは，切り取った後のAの長さに等しい。

切り取った18cmが，$1-\dfrac{9}{10}$だから，

$18\div\left(1-\dfrac{9}{10}\right)=18\div\dfrac{1}{10}=18\times\dfrac{10}{1}$
$=180（cm）$

チャレンジテスト② の答え　41ページ

1 $7：8$

2 $2：5$

3 90

4 (1) $3cm^2$

(2) 比…$5：2$　　面積…$4\dfrac{4}{5}cm^2$

(3) $31\dfrac{1}{5}cm^2$

考え方・解き方

1 A組の80％とB組の70％の人数を1とすると，

A組の人数は，$1\div\dfrac{80}{100}=1\times\dfrac{5}{4}=\dfrac{5}{4}$

B組の人数は，$1\div\dfrac{70}{100}=1\times\dfrac{10}{7}=\dfrac{10}{7}$

よって，A組とB組の人数の比は，

$\dfrac{5}{4}：\dfrac{10}{7}=\dfrac{35}{28}：\dfrac{40}{28}=35：40=7：8$

2 3人が走った道のりは，それぞれ，

ひろし…3km

まさき…$3\div\dfrac{3}{5}=3\times\dfrac{5}{3}=5（km）$

ともや…$5\div\dfrac{2}{3}=5\times\dfrac{3}{2}=\dfrac{15}{2}（km）$

よって，$3：\dfrac{15}{2}=\dfrac{6}{2}：\dfrac{15}{2}=6：15=2：5$

3 15をひく前とひいた後の，AとBの差は変わらない。

差を1とすると，ひく前のAは，$3\div(3-2)=3$

ひいた後のAは，$5\div(5-3)=\dfrac{5}{2}$

$3-\dfrac{5}{2}=\dfrac{6}{2}-\dfrac{5}{2}=\dfrac{1}{2}$

よって，15が差の$\dfrac{1}{2}$にあたる。

$15\div\dfrac{1}{2}=15\times\dfrac{2}{1}=30$

はじめのAは，$30\times3=90$

4 (1)（三角形ADFの面積）：（三角形BFDの面積）
$=AD：DB=3：1$

三角形BFDの面積を$x$cm² とすると，

$9：x=3：1$　　$9\div3=3$

$x=1\times3=3（cm^2）$

(2) (三角形 ABF の面積):(三角形 BCF の面積)

　＝AE:EC＝5:2

三角形 ABF の面積は，$9＋3＝12$ (cm²)

三角形 BCF の面積を $x$cm² とすると，

$$12:x＝5:2 \qquad 12÷5＝\frac{12}{5}$$

$$x＝2×\frac{12}{5}＝\frac{24}{5}＝4\frac{4}{5} \text{（cm²）}$$

(3) 三角形 BCD の面積は，$3＋4\frac{4}{5}＝7\frac{4}{5}$ (cm²)

（三角形 BCD の面積）:（三角形 ADC の面積）

＝BD:AD＝1:3

三角形 ADC の面積を $x$cm² とすると，

$$7\frac{4}{5}:x＝1:3 \qquad 7\frac{4}{5}÷1＝7\frac{4}{5}$$

$$x＝3×7\frac{4}{5}＝3×\frac{39}{5}＝\frac{117}{5}＝23\frac{2}{5}\text{(cm²)}$$

よって，三角形 ABC の面積は，

$$7\frac{4}{5}＋23\frac{2}{5}＝30\frac{6}{5}＝31\frac{1}{5}\text{(cm²)}$$

6 拡大図と縮図

確認テストの答え　45ページ

❶ (1) あとく，うとか　　(2) うとか

❷ 2倍

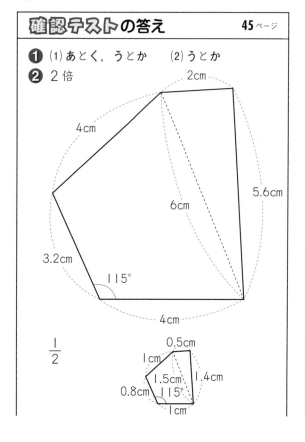

$\frac{1}{2}$

❸

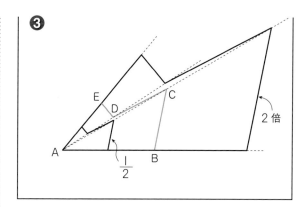

考え方・解き方

❶ どの辺が対応する辺になるのか，どの角が対応する角になるのか，図をよく見て答えることが大切である。そして，さらに，

・対応する直線の長さの比は等しい。

・対応する角の大きさは等しい。

という性質をあてはめて考える。

　　あはくの $\frac{1}{2}$ の縮図

　　（くはあの2倍の拡大図）

　　うはかの3倍の拡大図

　　（かはうの $\frac{1}{3}$ の縮図）

❷ コンパスを使って作図をする。

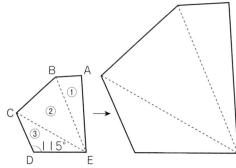

　2倍に拡大する場合，上の左の図のように，①，②，③の3つの三角形に分け，それぞれの三角形の2倍の拡大図をかく。

　角Dの大きさは，拡大図，縮図どちらの場合も変わらず115°である。

❸ 角Aの大きさは変わらない。

確認テストの答え　47ページ

❶ 1.6cm

❷ $\dfrac{1}{2500}$ の地図の 20cm の方が 50m 長い

❸ ⑴ 1000m　　　⑵ 100ha

❹ ⑴ およそ 55m

　　（55 に近い数であれば可）

　⑵ およそ 23m

　　（23 に近い数であれば可）

考え方・解き方

❶ $\dfrac{1}{2000}$ と $\dfrac{1}{400}$ の縮尺の割合を考える。

　$400 \div 2000 = 0.2$

　$\dfrac{1}{2000}$ の地図でのきょりは，$\dfrac{1}{400}$ の地図での 0.2 倍

　である。

　したがって，$8 \times 0.2 = 1.6$（cm）

　別の考え方

　　8cm を，実際の長さにもどして考える方法。

　　$8 \times 400 = 3200$

　　$3200 \div 2000 = 1.6$（cm）

❷ 単位を cm にそろえる。

　9mm（0.9cm）と 20cm の，実際の長さを求める。

　　$0.9 \times 50000 = 45000$

　　$20 \times 2500 = 50000$

　　$50000 - 45000 = 5000$（cm）

❸ ⑴ $2 \times 50000 = 100000$（cm）→ 1000（m）

　⑵ $1000 \times 1000 = 1000000$（㎡）= 100（ha）

❹ ⑴

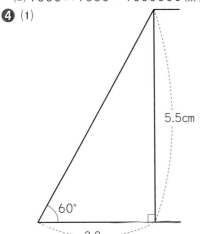

　$\dfrac{1}{1000}$ の縮図をかき，ビルの高さに対応する辺

　の長さを測ると，5.5cm であった。

　実際の長さは，$5.5 \times 1000 = 5500$（cm）

⑵

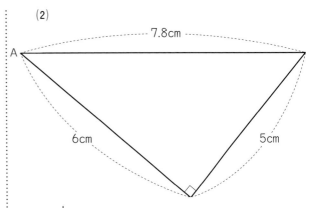

　$\dfrac{1}{300}$ の縮図をかいて，池の横のはば AB の長さ

　を測ると 7.8cm あった。

　実際の長さは，$7.8 \times 300 = 2340$（cm）

チャレンジテスト①の答え 48 ページ

❶ ⑴ 2.5 倍　　　　　⑵ 10cm

　⑶ 40°　　　　　　⑷ 10.4cm

❷ ⑴ $\dfrac{1}{500}$　　　　　⑵ 300

　⑶ 7.5

❸ ⑦

考え方・解き方

❶ ⑴ 辺 BC の長さを 1 とすると，辺 DE の長さは

　　$\dfrac{2}{5}$ になる。

　　$1 \div \dfrac{2}{5} = \dfrac{5}{2}$（倍）

⑵ $4 \div \dfrac{2}{5} = 4 \times \dfrac{5}{2} = \dfrac{\overset{2}{\cancel{4}} \times 5}{\cancel{2}_1} = 10$（cm）

⑶ 縮小しても角度は変わらない。

⑷ AD の長さは　$13 \times \dfrac{2}{5} = \dfrac{26}{5}$

　したがって，$\dfrac{26}{5} \times 2 = \dfrac{52}{5} = 10\dfrac{2}{5}$（cm）

❷ ⑴ 36㎠ の正方形の 1 辺の長さは，6cm。また，

　　900㎡ の正方形の 1 辺の長さは，30m。

　　1 辺の長さで比べる。

　　$6 : 3000 = 1 : 500$

⑵ $0.12 \times 2500 = 300$（m）

⑶ $9 \times 25000 = 225000$

　　$225000 \div 30000 = 7.5$（cm）

❸ それぞれの縮尺で東西 90km, 南北 40km がどの
大きさになるかを調べる。

90km＝90000m＝9000000cm

40km＝40000m＝4000000cm

$\dfrac{1}{100000}$ では，90cm と 40cm になる。

$\dfrac{1}{150000}$ では，60cm と 26.66…cm になる。

$\dfrac{1}{200000}$ では，45cm と 20cm になる。

$\dfrac{1}{250000}$ では，36cm と 16cm になる。

最も適当なのは，$\dfrac{1}{200000}$ の縮尺だといえる。

チャレンジテスト②の答え　49ページ

❶ (1) 763.2m²　　(2) 約 2 倍

(3) 291.6m　　(4) 51.84a

❷ (1) 4cm　　(2) $\dfrac{1}{8000}$

❸ 4.5m

考え方・解き方

❶ それぞれの建物と，しき地の実際の長さを求める。

1.3×1200＝1560(cm)

2×1200＝2400(cm)

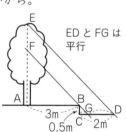

1×1200＝1200(cm)

2.8×1200＝3360(cm)

3.5×1200＝4200(cm)

1.8×1200＝2160(cm)

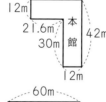

5×1200
＝6000(cm)

6×1200
＝7200(cm)

7×1200
＝8400(cm)

6.3×1200＝7560(cm)

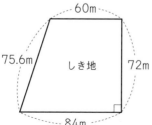

(1) 12×33.6＋30×12＝763.2(m²)

(2) 24×15.6＝374.4(m²)

763.2÷374.4＝2.03…

(3) 72＋60＋75.6＋84＝291.6(m)

(4) (60＋84)×72÷2＝5184(m²)

❷ (1) 3.6cm を実際の長さで表すと

3.6×20000＝72000

72000÷18000＝4(cm)

(2) 200m＝20000cm

$20000 \times \dfrac{1}{20000} = 1$

1＋1.5＝2.5(cm)　←あきなさんの地図での長さ

したがって　$\dfrac{2.5}{20000} = \dfrac{1}{8000}$

注意　あきなさんの地図での方がトンネルが
長いと考えて 1＋1.5＝2.5 としているのは，
はるかさんの地図でのトンネルの長さが
1cm しかないため，それより 1.5cm 短いと
いうことはありえないから。

❸ 右の図より

AF＝AB

FE＝GD

CB＝CG

よって，木の高さは

AF＋FE

＝AB＋GD

＝AB＋CD－CG

＝3＋2－0.5＝4.5(m)

7 角柱や円柱の体積

確認テストの答え　53ページ

❶ (1) 三角柱　　(2) 30cm³

❷ 66cm³

❸ (1) 8cm³　　(2) 5.6cm²

❹ 4cm

考え方・解き方

❶ (1) 両底面の形が三角形。側面が長方形。このよ
うな立体は三角柱である。

(2) 角柱の体積＝底面積×高さで求める。
底面の三角形は直角三角形である。

(3×4÷2)×5＝6×5＝30(cm³)

❷ 大きな三角柱から，小さな三角柱の体積をひけ
ばよい。また，大小 2 つの底面の三角形の高さは

6cm である。

(大きい方)

$(2＋3＋2)×6÷2×4＝84(cm^3)$

(小さい方)

$3×6÷2×2＝18(cm^3)$

$84－18＝66(cm^3)$

❸ (1)切り取る立体は，三角柱である。

$2×2÷2×4＝8(cm^3)$

(2)まず，大きい方の立体の体積を求める。

$4×4×4－8＝56(cm^3)$

高さが10cmなので，次の式で求められる。

(底面積)×(高さ)＝56 より，

$x×10＝56$

$x＝56÷10$

$x＝5.6(cm^2)$

❹ Aの容器に入っている水の容積を求める。

$4×4×3.14×9＝452.16(cm^3)$

一方，Bの容器の底面積は，

$6×6×3.14＝113.04(cm^2)$ である。

$x×113.04＝452.16$

$x＝4(cm)$

チャレンジテストの答え　54ページ

❶ (1)121.5cm³

(2)98.125cm³

(3)1884cm³

❷ 240cm³

❸ 3.145

考え方・解き方

❶ (1)$(3＋6)×3÷2×9＝27÷2×9$

$＝121.5(cm^3)$

(2)$2.5×2.5×3.14÷2×10＝98.125(cm^3)$

(3)体積＝底面積×高さ で求める。

底面積：$4×4×3.14÷2＝25.12(cm^2)$

$10×10×3.14÷2$

$－6×6×3.14÷2$

$＝157－56.52$

$＝100.48(cm^2)$

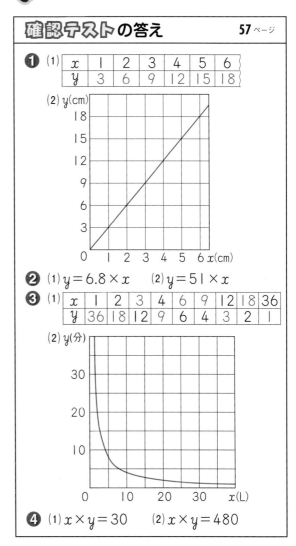

$25.12＋100.48＝125.6(cm^2)$

体　積：$125.6×15＝1884(cm^3)$

---

❷

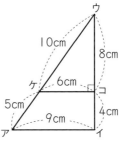

底面積：$8×6÷2＝24(cm^2)$

体　積：$24×10＝240(cm^3)$

❸ $10×10×x×31.8＝10000$

$3180×x＝10000$

$x＝3.1446…$

8 比例と反比例

確認テストの答え　57ページ

❶ (1)

x	1	2	3	4	5	6
y	3	6	9	12	15	18

(2)

❷ (1)$y＝6.8×x$　(2)$y＝51×x$

❸ (1)

x	1	2	3	4	6	9	12	18	36
y	36	18	12	9	6	4	3	2	1

(2)

❹ (1)$x×y＝30$　(2)$x×y＝480$

考え方・解き方

❶ (1)三角形の面積＝底辺×高さ÷2の公式で求める。表から，決まった数は3であることがわかる。

(2)点を順につないでいくと，「0」を通る右上がりの直線であることがわかる。

❷ (1)金属の重さと体積は比例する。決まった数は6.8である。

(2)道のり＝速さ×時間　単位に気をつける。分速850m＝時速51km。決まった数は，51である。

❸ xとそれに対応するyの積は，いつも36になる。グラフは，なめらかな曲線になる。

❹ (1)xとyは反比例する。決まった数は，30である。

(2)速さ×時間＝道のり　つまり，xとyは反比例する。決まった数は，480である。

確認テストの答え　59ページ

❶ 3.2L
❷ 96cm²
❸ 29g
❹ (1)75g　(2)①$16\frac{2}{3}$m　②120円

考え方・解き方

❶ ガソリンの量と走る道のりは比例する。1Lで10km走るから，1km走るのに必要なガソリンは，$1÷10=\frac{1}{10}$(L)

32kmでは，$\frac{1}{10}×32=\frac{32}{10}=3.2$(L)

❷ ⑥と⑥は，重さと面積が比例する関係にある。⑥より，$2×3=6$　1gの面積は，

$6÷85=\frac{6}{85}$(cm²)…決まった数

$\frac{6}{85}×1360=\frac{6×\overset{16}{1360}}{85}=96$(cm²)

❸ $32+8=40$(g)　8gのさとうで40gのさとう水を作る。

1gのさとう水を作るのに必要なさとうは，

$8÷40=\frac{8}{40}=\frac{1}{5}$(g)…決まった数

$\frac{1}{5}×145=29$(g)

❹ (1)グラフから，針金10mで150g

$150÷10=15$(g)…1mの重さ

$15×5=75$(g)

(2)①1kg＝1000g

400円で1000gだから，$400÷100=4$

$1000÷4=250$(g)…100円で買える針金

(1)より，1mの針金は15gだから，

$250÷15=\frac{250}{15}=\frac{50}{3}=16\frac{2}{3}$(m)

②1mの針金が15gだから，20mでは，

$15×20=300$(g)

100円で250gの針金が買えるから，

$300÷250=1.2$　$1.2×100=120$(円)

確認テストの答え　61ページ

❶ 16km
❷ 7m
❸ 10時間30分
❹ 8人で分けた方が45mL多い
❺ 32

考え方・解き方

❶ 道のり＝速さ×時間より，速さと時間は反比例する。決まった数は道のりである。

$14×4=56$

$56÷3\frac{1}{2}=56÷\frac{7}{2}=\frac{\overset{8}{56}×2}{\underset{1}{7}}=16$(km)

❷ 縦の長さと横の長さは反比例し，決まった数は面積となる。

$14×9=126$　　$126=(14+4)×x$

$x=7$(m)

❸ 仕事の量が決まった数である。機械の台数と時間は反比例の関係にあるので，時間をx時間とすると，

$7×12=84$　　$84=x×(7+1)$

$x=10\frac{1}{2}$(時間)

❹ ジュースを 8 人で分けたとき
　　1800÷8＝225(mL)
　　　ジュースを 10 人で分けたとき
　　1800÷10＝180(mL)
　　225－180＝45(mL)
❺ 動く歯車の「歯の数」で考えると，わかりやすい。
　歯数 25 の歯車は，毎秒 25×8＝200(歯) 動く。
　(64×100)÷200＝32(秒)

チャレンジテスト①の答え　62ページ

❶ 7 分 30 秒後
❷ 9L
❸ 80%
❹ 144g
❺ 6 回転，4 分後

考え方・解き方

❶ $y＝18－1.2×x$　という式ができる。
　$9＝18－1.2×x$　として，x にあてはまる
数を求める。
　　　$1.2×x＝18－9$
　　　　　　$x＝9÷1.2＝7.5$

❷ 決まった数⇒ $11÷1.3＝11÷\dfrac{13}{10}＝\dfrac{110}{13}$

　$70÷\dfrac{110}{13}＝\dfrac{910}{110}＝8.27\cdots(L)$

　整数で答えましょうとあるので，8L では不足す
るから 9L である。

❸ 25%増えるということは，1.25 倍になるという
ことである。
　　　反比例するので，
　　$1÷1.25＝1÷\dfrac{125}{100}＝1×\dfrac{100}{125}＝0.8$

つまり，もとの 80%となる。

❹ 水の量が $\dfrac{400＋720}{480－80}＝\dfrac{1120}{400}＝\dfrac{14}{5}$(倍)

になったのだから，食塩の量も $\dfrac{14}{5}$ 倍必要。

　　$80×\dfrac{14}{5}＝224(g)$

はじめに入っていた食塩は 80g である。
　　$224－80＝144(g)$

❺ 動く歯の数で考える。
　　$24×5＝120$

　　$120÷20＝6(回転)$
　　B は 1 分間に 3 回転する。B と C が再びいっ
ちするのは，20 と 48 の最小公倍数の歯が動いた
とき。20 と 48 の最小公倍数は 240，また，B
は 1 分間に 20×3(歯) 動くので
　　$240÷(20×3)＝4(分)$

チャレンジテスト②の答え　63ページ

❶ $\dfrac{5}{7}×x$
❷ (1) 時速 48km　　(2) 35 分
❸ 1500m
❹ (1) 200km　　(2) 時速 48km
　(3) 時速 40km

考え方・解き方

❶ 動く歯の数は同じだから　$30×x＝42×y$
　　$y＝\dfrac{30}{42}×x$　　　$y＝\dfrac{5}{7}×x$

❷ (1) グラフから，10 分間で 8km 進むことがわか
る。8×6＝48(km)
　(2) このバスの速さは，分速 0.8km である。
　　$28÷0.8＝35(分)$

❸ $0.6÷100＝0.006$ より，1m で 0.006℃ 下が
ることになる。
　xm 上がったときに下がった気温を y℃ とすると
　　　$y＝0.006×x$
　　$30－21＝0.006×x$
　　　　$x＝9÷0.006＝1500(m)$

❹ この車は時速 $a$km で 1km 走るごとに
　　$\dfrac{a}{300}$L のガソリンを消費する。

　(1) $\dfrac{60}{300}＝\dfrac{1}{5}$(L)

　　$40÷\dfrac{1}{5}＝200(km)$

　(2) 250km 走ったときには，ガソリンを
　　$\dfrac{a}{300}×250＝\dfrac{5×a}{6}$(L) 使う。
　このときすべてのガソリンを使いきったのだか
ら，
　　$\dfrac{5×a}{6}＝40$　　　$a＝48(km)$

(3) 7 時間 30 分走り続けると，7.5×a（km）進む。
　　このとき使ったガソリンの量は，

$$7.5×a×\frac{a}{300}=\frac{a×a}{40}（L）で，これは 40L$$

$$\frac{a×a}{40}=40　　a×a=1600 より　a=40（km）$$

9 資料の調べ方

確認テストの答え　67ページ

❶ かずとさん

❷ (1) 5 人　　　　　　(2) 32 点
　(3) 30 点　　　　　　(4) 40 点

❸ (1)

きょり(m)	人数(人)
15 以上～ 20 未満	2
20　　～ 25	8
25　　～ 30	8
30　　～ 35	13
35　　～ 40	5
40　　～ 45	4
合　　計	40

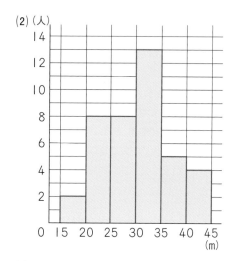

(2)

(3) 30m 以上 35m 未満

考え方・解き方

❶ 〔あゆむさんのにわとりの場合〕
　平均をとると，
　　(64＋58＋53＋48＋46＋61)÷6＝55(g)

〔かずとさんのにわとりの場合〕
　平均をとると，
　　(67＋63＋70＋57＋52＋48＋56)÷7
　　＝59(g)
　かずとさん

❷ (1) クラス全体は 35 人だから，
　　35－(6＋11＋8＋4＋1)＝5(人)
　(2) (50×6＋40×11＋30×8＋20×5
　　＋10×4)÷35＝(300＋440＋240
　　＋100＋40)÷35＝1120÷35＝32
　(3) 小さい方から 18 番目の点数。
　(4) 最も多いのは 40 点の 11 人。

❸ (1) 19m から 44m の間にちらばっているので，
　　15m から 45m の間を 5m ずつのはばで整理して
　　いくとよい。
　(3) 13 番目は，30m ～ 35m のはんいになる。グ
　　ラフ，表どちらで調べてもよい。

チャレンジテストの答え　68ページ

❶ ゆうたさん

❷ (1) 25 人　　　　(2) 48%
　(3) 3.52　　　　(4) 4 人
　(5) 9 人

❸ (1) 153cm　　　(2) 32cm²
　(3) 6 人

考え方・解き方

❶ 〔たかしさんの場合〕
　平均をとると
　　(7＋8＋6＋9＋7)÷5＝7.4(点)
　〔ゆうたさんの場合〕
　平均をとると
　　(8＋7＋9＋8＋7)÷5＝7.8(点)
　ゆうたさん

❷ (1) 表に記入された人数をすべて数えると 25 人。
　(2) 小さなサイコロで 3 以下の目を出した人数は，右の表の色の部分で 12 人。
　12÷25
　＝0.48

小＼大	1	2	3	4	5	6	
6	1					1	←2 人
5		2	1	1	1		←5 人
4		1	2	2		1	←6 人
3			3	1	1		←5 人
2	1		2		2		←5 人
1					1	1	←2 人
	1	2	3	4	5	6	

(3) 小さなサイコロでそれぞれの目を出した人数
　は表の右に示したとおり。
　　(6×2＋5×5＋4×6＋3×5＋2×5＋1
　　×2)÷25＝88÷25＝3.52
(4), (5)下の表の色の部分

(4)

	1	2	3	4	5	6
6	1					1
5		2	1	1	1	
4		1	2	2		1
小 3			3	1	1	
2	1		2		2	
1					1	1

大
4 人

(5)

	1	2	3	4	5	6
6	1					1
5		2	1	1	1	
4		1	2	2		1
小 3			3	1	1	
2	1		2		2	
1					1	1

大
9 人

❸ (1)A が 125, B が 165 ということから, AB 間
　は 40cm のはばであることがわかる。これを
　グラフで表したとき, 8cm のはばになること
　から, 実際のはばは, グラフのはばの
　40÷8＝5 倍となることがわかる。
　165－(2.4×5)＝165－12＝153(cm)

(2)

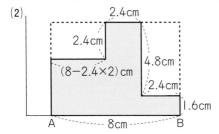

　　上の図のように, 大きい長方形から, 小さい
　長方形 2 つの面積をひいて求める。
　　　8×(4.8＋1.6)－2.4×(8－2.4×2)
　　　－2.4×4.8
　　＝8×6.4－2.4×3.2－2.4×4.8
　　＝51.2－7.68－11.52
　　＝32(cm²)
(3)まず, 人数を求める柱部分の面積を求める。
　　1.6×2.4＝3.84
　　柱全部の面積でわると,
　　3.84÷32＝0.12
　　色の部分の人数は, 全体の人数の 12％である。
　　50×0.12＝6(人)

⑩場合の数

確認テストの答え　　71ページ

❶ 12 通り
❷ 4 通り
❸ 15 通り
❹ 24 種類
❺ 10 通り

（考え方・解き方）

❶ 樹形図をかいて調べるとよい。バスを使う場合,

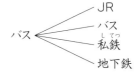

あと, 私鉄と地下鉄についても 4 通りずつあるの
で, 3×4＝12(通り)

❷ 組み合わせを調べるときは, (赤と青と黄) (赤と
黄と青) などは同じ組み合わせになるので, 重な
りをていねいにチェックすること。
(赤, 青, 黄) (赤, 青, 緑) (赤, 黄, 緑)
(青, 黄, 緑) の 4 通り
別の考え方　「3 枚組にしない 1 枚を選ぶ」と考
えてもよい。

❸ ハムとの組み合わせを考える。

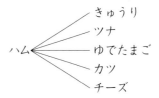

それぞれに 5 通りの組み合わせがある
5×6÷2＝15 (通り)
注意　例えば (ハムときゅうり) と (きゅうりと
ハム) は同じ組み合わせだが 2 度数えている。
すべてについて同じように 2 度数えているの
で, 2 でわっておかなくてはいけない。

❹

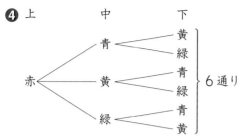

同じように，1番上の色を考えると，青，黄，緑について，それぞれ6通りずつ考えられる。
6×4＝24(通り)

❺ 水かえ係2人が決まると，ほうき係3人も自然に決まる。水かえ係の選び方（1人を選び，その相手を決める）は，

1人につき4通りの相手がいるが，1組を2回ずつ考えていることに気をつけて，
4×5÷2＝10(通り)

確認テストの答え　73ページ

❶ (1)6通り　　　　(2)6通り
❷ 3通り
❸ 10回
❹ 30通り
❺ 5通り

考え方・解き方

❶ 各問いに必要な道だけをとり出して，目的地にたどりつくまでの道すじが何通りあるかを書き入れる。道すじの数え方は，次のとおり。

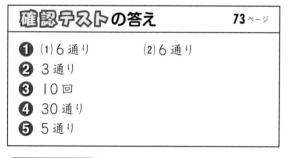

交差点あまでの道すじは
a 通り
交差点いまでの道すじは
b 通り
このとき交差点うまでの道すじは
a＋b 通り

---

(1)　　　　　　　(2)

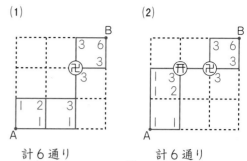

計6通り　　　　計6通り

❷ 2辺の長さの和が，必ずもう1つの辺の長さより長くならないと，三角形はできない。

(3cm, 4cm, 5cm)
(3cm, 5cm, 7cm)　3通り
(4cm, 5cm, 7cm)

❸ 5人から2人選ぶ組み合わせになる。表をつくって調べると，わかりやすい。

	はるか	ゆう	まい	あい	あや
はるか		○	○	○	○
ゆう	×		○	○	○
まい	×	×		○	○
あい	×	×	×		○
あや	×	×	×	×	

4×5÷2
＝10(通り)

❹

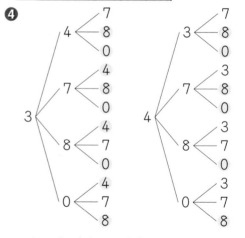

上の図からわかるように，
100の位に，奇数がくる場合は，9通りの偶数ができる。3, 7の場合である。
100の位に，偶数がくる場合は，6通りの偶数ができる。4, 8の場合である。
9×2＋6×2＝30(通り)

❺ 時計まわりにまわるとして，考える。

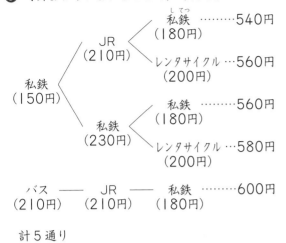

```
              私鉄 ………540円
              (180円)
     JR
    (210円)
              レンタサイクル …560円
              (200円)
私鉄
(150円)
              私鉄 ………560円
              (180円)
     私鉄
    (230円)
              レンタサイクル …580円
              (200円)

バス ── JR ── 私鉄 ………600円
(210円)  (210円)  (180円)
```

計 5 通り

チャレンジテスト①の答え　74ページ

❶ 30 通り
❷ 5 個
❸ (1) 6 通り　　(2) 30 通り
❹ (1) 35 個　　(2) 6 個
　　(3) 12 個　　(4) 16 個

考え方・解き方

❶ 裏返す回数が，1回，2回，3回，4回と順に調べていく。こまを左からA，B，Cとすると，

〈裏返す回数が1回のとき〉

場合 こま	ア	イ	ウ	
A	1	0	0	表の数字は
B	0	1	0	裏返す回数
C	0	0	1	

この中で，白黒白と交ごに並ぶのはイの場合である。

〈裏返す回数が2回のとき〉

場合 こま	ア	イ	ウ	エ	オ	カ
A	1	1	0	2	0	0
B	1	0	1	0	2	0
C	0	1	1	0	0	2

この中で，黒白黒と交ごに並ぶのはイの場合である。裏返した順序も考えると，ACの順に裏返す場合と，CAの順に裏返す場合があるので，2通り考えられる。

〈裏返す回数が3回のとき〉

場合 こま	ア	イ	ウ	エ	オ	カ	キ	ク	ケ	コ
A	1	1	1	2	2	3	0	0	0	0
B	1	2	0	1	0	0	1	2	3	0
C	1	0	2	0	1	0	2	1	0	3

この中で，白黒白と並ぶのはエ，キ，ケの場合である。裏返す順番を考えると次のようになる。

エ ［ABA，AAB，BAA］
キ ［BCC，CBC，CCB］ ⎫7通り
ケ ［BBB］

〈裏返す回数が4回のとき〉

場合 こま	ア	イ	ウ	エ	オ	カ	キ	ク	ケ	コ
A	1	1	1	1	2	2	2	3	3	4
B	1	0	2	3	1	0	2	1	0	0
C	2	3	1	0	1	2	0	0	1	0

サ	シ	ス	セ	ソ
0	0	0	0	0
1	2	3	4	0
3	2	1	0	4

この中で，白黒白と並ぶのはイ，ウ，ケの場合である。裏返す順序を考えると次のようになる。

イ ［ACCC，CACC，CCAC，CCCA］
ウ ［ABBC，ABCB，ACBB，CBBA，
　　CBAB，CABB，BBAC，BBCA，
　　BABC，BCBA，BACB，BCAB］
ケ ［AAAC，ACAA，AACA，CAAA］

…20通り

合計：1＋2＋7＋20＝30（通り）

❷
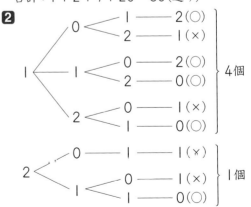

```
          ┌ 1 ── 2(○)
      0 ──┤
      │   └ 2 ── 1(×)
      │   ┌ 0 ── 2(○)      ⎫
  1 ──┼ 1 ┤                 ⎬ 4個
      │   └ 2 ── 0(○)      ⎭
      │   ┌ 0 ── 1(×)
      └ 2 ┤
          └ 1 ── 0(○)

          ┌ 0 ── 1(×)      ⎫
  2 ──┬ 0 ┤                 ⎬ 1個
      │   └ 1 ── 1(×)      ⎭
      └ 1 ── 0(○)
```

4＋1＝5（個）

❸ (1) 73ページの❶と同じように数えると，右の図のようになる。したがって6通り。

(2) (1)と同じように数える。•の4点については、3つの方向からの行き方があるので気をつけること。

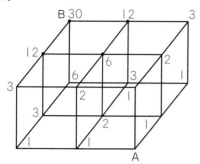

計30通り

4 百の位より小さい数は、十の位や一の位に使えないので、百の位にどのような数字がくるのか順序よく考えていく。

(1) 百の位が①のとき

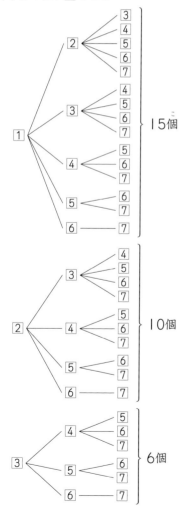

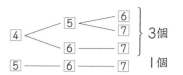

合計：15＋10＋6＋3＋1＝35（個）

(2) 百の位にくる数字は③である。
(1)で、百の位が③の場合は6個

(3) ②と⑤または④と⑤または⑤と⑥が入っている場合。

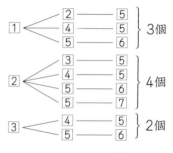

3＋4＋2＋2＋1＝12（個）

(4)

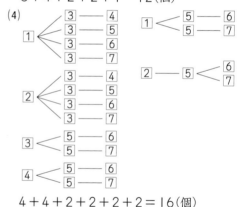

4＋4＋2＋2＋2＋2＝16（個）

チャレンジテスト②の答え　75ページ

1 (1) 400円　　　(2) 10通り
2 (1) 13回　　　(2) 1回
3 24通り
4 63通り
5 (1) 54個　　　(2) 86994

考え方・解き方
1 (1) 賞金が最も多い場合は、
1等を1本（1等は1本しかない）
2等を2本　ひいた場合である。

200＋100×2＝400（円）
(2)表に表して調べる。

1等	1	1	1	1	1	1	1	
2等	2	2	2	1	1	1	1	
3等	2	1		3	2	1		4
4等		1	2		1	2	3	
合計金額	500	450	400	450	400	350	300	400

1	1	1							
			1	1	1	1	1	1	
3	2	1		4	3	2	1		5
1	2	3	4		1	2	3	4	
350	300	250	200	300	250	200	150	100	250

4	3	2	1
1	2	3	4
200	150	100	50

表より，賞金の合計は，
500，450，400，350，300，250，
200，150，100，50　の10通り

2 (1)（12＋9＋5）÷2＝13（回）
(2)数の多い赤玉との組み合わせを，表にかいて調べるとよい。

赤	赤	赤	赤	赤	赤	赤	赤	赤	赤	赤	赤	赤	青
青	青	青	青	青	青	青	青	黄	黄	黄	黄	黄	黄
×	×	×	×	×	×	×	×	×	×	×	×	×	○

1回だけである。

3 下の図のように，A→P，P→Bのように，わけて考えるとよい。

AからPへは4通り考えられる。（最短コースであることに注意。）
PからBへ行く方法は6通り考えられる。

AからPへの行き方は4通りに，PからBへの6通りを組み合わせる。4×6＝24（通り）

4 1枚を使う場合
〔1，5，10，50，100，500〕…6通り
2枚を使う場合
〔6，11，15，51，55，60，101，

105，110，150，501，505，510，
550，600〕　…15通り
3枚を使う場合　………20通り

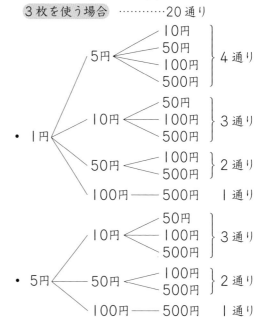

4枚を使う場合　…………15通り
6枚のうちから4枚を使うのだから，2枚は使わないことになる。2枚をとり出す組み合わせを考えればよいことになるから15通り。
5枚を使う場合　…………6通り
1枚を使わないということであるから，6通り。
6枚を使う場合　…………1通り
もちろん（1，5，10，50，100，500）
666円の1通りである。
合計：6＋15＋20＋15＋6＋1＝63

5 (1)千の位は，1，2の2通りの数字が考えられる。
　百の位は，0，1，2の3通りの数字が考えられる。
　十の位は，0，1，2の3通りの数字が考えられる。
　一の位は，0，1，2の3通りの数字が考えられる。
　2×3×3×3＝54（個）
(2)〈千の位について〉
　それぞれ2×3×3×3÷2＝27（個）

- 1 の場合の千の位の合計は
  1000 × 27 = 27000
- 2 の場合の千の位の合計は
  2000 × 27 = 54000

〈百の位について〉

それぞれ 3 × 3 × 3 ÷ 3 × 2 = 18(個)
　　　　　　　　　　　↑
　　　千の位が 1 のときと 2 のときの両方があるから

- 0 の場合の百の位の合計は 0
- 1 の場合の百の位の合計は
  100 × 18 = 1800
- 2 の場合の百の位の合計は
  200 × 18 = 3600

〈十の位について〉

　　　　　　　┌ 千の位は 2 通り
それぞれ 3 × 3 ÷ 3 × 2 × 3 = 18(個)
　　　　　　　└ 百の位は 3 通り

- 0 の場合の十の位の合計は 0
- 1 の場合の十の位の合計は
  10 × 18 = 180
- 2 の場合の十の位の合計は
  20 × 18 = 360

〈一の位について〉

それぞれ 3 ÷ 3 × 2 × 3 × 3 = 18(個)

- 0 の場合の一の位の合計は 0
- 1 の場合の一の位の合計は
  1 × 18 = 18
- 2 の場合の一の位の合計は
  2 × 18 = 36

合計：27000 + 54000 + 1800 + 3600
　　　 + 180 + 360 + 18 + 36 = 86994

11 量の単位のしくみ

確認テストの答え　79ページ

❶ (1) 3.6L　(2) 1.2kg
❷ 約 370kg
❸ (1) 126kL　(2) 1 時間 45 分
❹ 39.4 インチ

考え方・解き方

❶ (1) 12 × 20 × 15 = 3600
　　3600(cm³) = 3.6(L)
　(2) 水 3.6L の重さは 3.6kg である。

4.8 − 3.6 = 1.2(kg)
❷ 1(L) = 1000(cm³) → 1.293(g)
　教室の体積を求める。
　9.2(m) = 920(cm)，7.4(m) = 740(cm)
　4.2(m) = 420(cm)
　920 × 740 × 420 = 285936000(cm³)
　285936000(cm³) = 285936(L)
　1.293 × 285936 = 369715.248(g)
　(約)370000(g) = (約)370(kg)
❸ (1) 6 × 15 × 1.4 = 126(kL)
　(2) 126(kL) = 126(t)　126 ÷ 1.2 = 105(分)
　105 分 = 1 時間 45 分
❹ 5(m) = 16.4 × 12(インチ) = 196.8(インチ)
　1(m) = 196.8(インチ) ÷ 5 = 39.36(インチ)

確認テストの答え　81ページ

❶ 75.6kg
❷ 約 15cm³
❸ 240g
❹ (1) 3140cm³　(2) 8164cm³

考え方・解き方

❶ まず，角材の体積を求める。
　30 × 35 × 180 = 189000(cm³)
　　比重が 0.40 なので
　189000 × 0.4 = 75600(g) = 75.6(kg)
❷ 37 ÷ 2.5 = 14.8(cm³)
❸ 1.8 × 2/3 = 18/10 × 2/3 = (18×2)/(10×3) = 6/5
　　= 1.2(L)
　薬品の重さは 1.2 × 0.8 = 0.96(kg)
　全体の重さは 1.2kg なので，
　1.2 − 0.96 = 0.24(kg)
　0.24(kg) = 240(g)
❹ (1) 石の体積は，底面積 × (40 − 30) で求める
　ことができる。
　　10 × 10 × 3.14 × (40 − 30) = 3140(cm³)
　(2) 大きい石の体積は，あふれ出た水の量と，つつ
　の中でふえた水の量の和である。
　(容器の中)
　10 × 10 × 3.14 × (50 − 30) = 6280(cm³)
　(あふれた量)

$(20×20×3.14－10×10×3.14)×2$

受けざらで水の入っている部分の底面積

$=(1256－314)×2=942×2$
$=1884(cm^3)$

[石の体積]
　$6280＋1884＝8164(cm^3)$

チャレンジテストの答え　82ページ

1 (1) 12000(個分)
　(2) 12000L　　(3) 8時間
2 (1) 12.5　　　(2) 812
　(3) 11.6m³
3 (1) 0.75g
　(2) ㋐ 3.7cm　　㋑ 10.5g
　　　㋒ 189.54g

考え方・解き方

1 (1) $200×300×200＝12000000(cm^3)$
　　$12000000÷(10×10×10)＝12000$
　(2) $1(L)＝1000(cm^3)$
　(3) $1.5(t)＝1500(L)$
　　$12000÷1500＝8(時間)$
2 (1) $50kL＝500000dL$
　　$500000÷40000＝12.5(dL)$
　(2) $1055ha＝10550000m^2$
　　$10550000÷13000＝811.5…$
　(3) $2320÷\dfrac{1}{5}＝11600(L)$
　　$11600(L)＝11.6(m^3)$
3 (1) まず，水の体積を求める。
　　$(3＋7)×4÷2×3＝60(cm^3)$
　　(油の体積)
　　$(3＋7)×4÷2×(5－3)＝40(cm^3)$
　　重さは，1.5倍になったので
　　$60×1.5＝90$　$90－60＝30(g)$
　　$30÷40＝0.75(g)$　└油の重さ
　(2) ㋐鉄の体積を求める。
　　$2×2×3.5＝14(cm^3)$
　　　何cm水が高くなったかを求めると
　　$\{(3＋7)×4÷2\}×x＝14$
　　　　　$20×x＝14$
　　　　　　　$x＝0.7$
　　$3＋0.7＝3.7(cm)$となる。

㋑あふれた油の量＝鉄の体積　また油1cm³の
　重さは(1)より0.75gである。
　$0.75×14＝10.5(g)$
㋒鉄の重さ⇒$7.86×14＝110.04(g)$
　水の重さ⇒$60(g)$
　油の重さ⇒$30－10.5＝19.5(g)$
　　　　　└あふれた重さ
　$110.04＋60＋19.5＝189.54(g)$

---

12 問題の考え方

確認テスト①の答え　86ページ

1 170cm
2 37人
3 A…360円　　B…250円
4 Aさん…15点　　Dさん…8点

考え方・解き方

1 15cmずつ長さのちがう分を6.5mからひいて考える。いちばん短いものを基準にすると，そのちがいは15cm，30cm，45cmになる。
　$\{650－(15＋30＋45)\}÷4$
　$=(650－90)÷4＝560÷4＝\underline{140}(cm)$
　　　　　　　　　　　　└いちばん短いひも
2番目に長いひもは，$140＋15×2＝170(cm)$

2 A組の平均点は83.5点だから，82.76点を平均点としたときより多い点数の和は，
　$(83.5－82.76)×38＝0.74×38$
　　　　　　　　　　　$＝28.12(点)$
この点数が，B組で82.76点を平均点としたときより少ない分になる。
　$28.12÷(82.76－82)＝28.12÷0.76$
　　　　　　　　　　　　　　$＝37(人)$

3 A，Bそれぞれ5個ずつで3050円だから，
　$3050÷5＝610$　←AとBの値段の和
　$50＋60＝110$　←AとBの値段の差
問題文より，Aの方が高い。

$(610-110)÷2=250$(円) …B
$250+110=360$(円) …A

❹ $10×5=50$ ←A+B+C+D+E

A の点数　$50-8.75×4=50-35$
　　　　　　　　　　　$=15$(点)

E の点数　$50-11×4=50-44=6$(点)

C の点数　9 点

B+D の点数　$50-(15+6+9)=20$(点)

偶数で, 和が 20 となり, 1 つは 6 より大きく 9 より小さく, もう 1 つは 9 より大きく 15 より小さい 2 つの整数は 12 と 8。また, B の方が D より点数が高いので B の点数は 12 点, D の点数は 8 点となる。

確認テスト②の答え　　87ページ

❶ 船の数… 17 そう
　全体の人数… 246 人

❷ 13 年後

❸ 45 個

❹ 12 オ

考え方・解き方

❶ $(15-6)+8=17$ ←乗れる人数と, 14 人ずつ乗った場合に乗れない人数の和

[注: 15 人ずつ乗った場合にまだ]

$17÷(15-14)=17$(そう) ←船の数

$14×17+8=246$(人)

または $15×17-9=246$(人)

❷ 現在, 父と子ども 3 人の年令の差は 26 オ。1 年後, 4 人とも 1 オ年をとるので, 父の年令は 1 ふえ, 子どもの年令の合計は 3 ふえる。つまり 1 年間に(3－1)ずつ, 差がちぢまってくることがわかる。

式でこのことを表すと,

$\{50-(12+7+5)\}÷(3-1)$
$=(50-24)÷2=26÷2=13$(年)

❸ 全員に 3 個ずつ配ったとすると, そのときの余りは, 多く配った個数を調べて,

5 個ずつ配った人が 3 人で, $(5-3)×3$(個)
4 個ずつ配った人が 4 人で, $(4-3)×4$(個)
残ったみかんが 5 個だから,

$(5-3)×3+(4-3)×4+5=15$(個)

ここで, 6 個ずつ配ると 15 個不足し, 3 個ずつ配ると 15 個余るということがわかる。

$(15+15)÷(6-3)=10$(人)
$10×6-15=45$(個)

❹ 現在の父の年令を 1 とし, 図に表すと下のようになる。

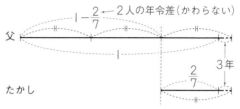

これより, $\left(1-\dfrac{2}{7}\right)$ が $\left(\dfrac{2}{7}+3 年\right)$ の 2 倍になることがわかる。

$\left(\dfrac{2}{7}+3 年\right)×2=\dfrac{4}{7}+6 年$

より, $\dfrac{5}{7}$ にあたるのが $\dfrac{4}{7}+6 年$ だから,

$\dfrac{5}{7}-\dfrac{4}{7}=\dfrac{1}{7}$　$6÷\dfrac{1}{7}=42$(オ)

これが現在の父の年令だから, たかしさんの年令は, $42×\dfrac{2}{7}=12$(オ)

確認テスト①の答え　　90ページ

❶ 217mL

❷ 4680 円

❸ 600 人

❹ 720 円

❺ 32 人

考え方・解き方

❶ はじめ容器の $\dfrac{7}{8}$ の量の水が入っていた。

さかさにしたときの水の量は, $1-\dfrac{7}{8}=\dfrac{1}{8}$

捨てた水の量$\left(\dfrac{7}{8}-\dfrac{1}{8}\right)$が 186mL なので,

$186÷\left(\dfrac{7}{8}-\dfrac{1}{8}\right)=186÷\dfrac{6}{8}=\dfrac{\overset{62}{186}×4}{\underset{1}{3}}$
$=248$(mL) ←容器の容積

$248×\dfrac{7}{8}=\dfrac{\overset{31}{248}×7}{8}=217$(mL)

❷ A は, はじめ $\dfrac{3}{3+1}=\dfrac{3}{4}$ 持っていた。

840 円を B にあげたあとの A は, $\dfrac{8}{8+5}=\dfrac{8}{13}$

お金の合計は変わらないので, この差が 840 円になり, 次のような式ができる。

$$840÷\left(\dfrac{3}{4}-\dfrac{8}{13}\right)=840÷\dfrac{39-32}{52}$$

$$=840÷\dfrac{7}{52}=840×\dfrac{52}{7}=\dfrac{\overset{120}{840}×52}{\underset{1}{7}}$$

$$=6240(円)←A, B の合計$$

$$6240×\dfrac{3}{4}=4680(円)$$

❸ 全校児童の人数を 1 とする。

2 日続けて休んだ人の割合

$$0.07×\dfrac{1}{3}=\dfrac{7}{100}×\dfrac{1}{3}=\dfrac{7}{300}$$

2 日目だけ休んだ人の割合

$$0.04-\dfrac{7}{300}=\dfrac{4}{100}-\dfrac{7}{300}=\dfrac{12-7}{300}$$

$$=\dfrac{5}{300}=\dfrac{1}{60}$$

これが 10 人だから,

$$10÷\dfrac{1}{60}=10×60=600(人)$$

❹ 50 円が, トランプの値段のどれだけにあたるのかを考えればよい。

$$\dfrac{5}{3+5}-\dfrac{5}{4+5}=\dfrac{5}{8}-\dfrac{5}{9}=\dfrac{45}{72}-\dfrac{40}{72}=\dfrac{5}{72}$$

これより, 50 円がトランプの値段の $\dfrac{5}{72}$ にあたることがわかる。$50÷\dfrac{5}{72}=50×\dfrac{72}{5}=720(円)$

❺ すすむさんと, そのあとにゴールした男子は, $1+15=16(人)$ である。

この人数が全体のどれだけにあたるかを考える。

男子の人数の割合は, $1-\dfrac{3}{8}=\dfrac{5}{8}$

そのうち, すすむさんより先にゴールした男子の割合は, $\dfrac{1}{4}÷2=\dfrac{1}{8}$

すすむさんとそのあとにゴールした男子の割合は, $\dfrac{5}{8}-\dfrac{1}{8}$

よって, クラス全体の人数は,

$$16÷\left(\dfrac{5}{8}-\dfrac{1}{8}\right)=16÷\dfrac{1}{2}=16×2=32(人)$$

確認テスト②の答え　91 ページ

❶ 6 分 40 秒
❷ 1000 円
❸ 14 人以上
❹ 260 個
❺ $3\dfrac{11}{13}$時間

考え方・解き方

❶ 細い管 1 本では, 1 分間に $\dfrac{1}{20}$ 入る。

太い管 1 本では, 1 分間に $\dfrac{1}{20}$ 入る。

2 本同時に使うと, $\dfrac{1}{20}+\dfrac{1}{10}=\dfrac{3}{20}$ 入る。

$$1÷\dfrac{3}{20}=\dfrac{20}{3}=6\dfrac{2}{3}(分)$$

$$60×\dfrac{2}{3}=40(秒)$$

❷ 売り値を求める。

$$1500×(1-0.2)=1500×0.8=1200(円)$$

売り値は仕入れ値の $1+0.2$ にあたるので, 仕入れ値は,

$$1200÷(1+0.2)=1200÷1.2=1000(円)$$

❸ 1kL＝1000L だから, 1 人が 1 分間でくみ上げる量は,

$$1000÷(4×5)=1000÷20=50(L)$$

20kL＝20000L だから, 30 分以内でくみ上げるには,

$$20000÷(50×30)=20000÷1500$$

$$=\dfrac{200}{15}=\dfrac{40}{3}=13\dfrac{1}{3}(人)$$

答えは整数になるので, 14 人以上必要である。

❹ こわれた商品がこわれていなかったとしたら, 全体の利益は,

$$160×20+7200=10400(円)$$

$$10400÷(160-120)=10400÷40$$

$$=260(個)$$

❺ A さんと B さん 2 人での 1 時間の仕事

$$1÷4\dfrac{10}{60}=1÷\dfrac{25}{6}=\dfrac{6}{25}\quad…①$$

B さんと C さん 2 人での 1 時間の仕事

$$1÷3\dfrac{20}{60}=1÷\dfrac{10}{3}=\dfrac{3}{10}\quad…②$$

Aさんの１時間の仕事

$1 \div 10 = \dfrac{1}{10}$　…③

①と③より，Bさんの１時間の仕事は，

$\dfrac{6}{25} - \dfrac{1}{10} = \dfrac{12}{50} - \dfrac{5}{50} = \dfrac{7}{50}$　…④

②と④より，Cさんの１時間の仕事は，

$\dfrac{3}{10} - \dfrac{7}{50} = \dfrac{15}{50} - \dfrac{7}{50} = \dfrac{8}{50}$

よって，AさんとCさん２人での１時間の仕事は，

$\dfrac{1}{10} + \dfrac{8}{50} = \dfrac{5}{50} + \dfrac{8}{50} = \dfrac{13}{50}$

$1 \div \dfrac{13}{50} = 1 \times \dfrac{50}{13} = 3\dfrac{11}{13}$（時間）

確認テストの答え　93ページ

❶ 4
❷ ノート…120円　　えん筆…80円
❸ (1)23個　　　(2)76段目
　 (3)324個
❹ なし…270円　　みかん…50円
　 りんご…160円

考え方・解き方

❶ どのような規則で並んでいるか見つけることが大切。次のようにグループに分ける。

1, | 1, 2, | 1, 2, 3, | 1, 2, 3, 4, | …

それぞれのグループに，①，②，③，… と番号をつけていくと，グループには，1からそのグループの番号までの数が入る。

$1+2+3+4+5+6+7+8=36$（個）

だから，⑧のグループの最後の数は左から36番目。よって，左からの40番目の数は⑨のグループに入る。⑨のグループの数は次のように並んでいる。

1, 2, 3, 4, 5, 6, 7, 8, 9
　　　↑　　　　　↑
　　　37　　　　40

$40-36=4$ だから，左から40番目の数は4

❷ ノート２冊
　 えん筆１本 ｝320円　…①

　 ノート５冊
　 えん筆２本 ｝760円　…②

だから，①のえん筆の本数を②のえん筆の本数の

２本にそろえて比べる。

　①×2… ノート４冊
　　　　 えん筆２本 ｝$320 \times 2 = 640$（円）

$760 - 640 = 120$（円）…ノート $5-4=1$（冊）
$320 - 120 \times 2 = 80$（円）…えん筆１本

❸ 段数と三角形の個数を表にして考える。

段数　　　　　　（段）	1	2	3	4
横に並ぶ三角形（個）	1	3	5	7
正三角形の総数（個）	1	4	9	16

表から，横に並ぶ正三角形の数は，1，3，5，7，9，…となり，これは，段数×2－1という式で表すことができる。また，段数と正三角形の総数の関係については，段数×段数＝総数という式で表すことができる。

(1)12段目に並ぶ正三角形の個数は，
　 $12 \times 2 - 1 = 23$（個）

(2)段数×2－1＝151だから，
　 $151 + 1 = 152$　　$152 \div 2 = 76$（段目）

(3)まわりが54cmだから，できあがった正三角形の１辺の長さは，$54 \div 3 = 18$（cm）
　 $18 \div 1 = 18$より，18段ある。
　 段数×段数＝総数だから，
　 $18 \times 18 = 324$（個）

❹ なし　　2個
　 みかん　1個 ｝1070円　…①
　 りんご　3個

　 なし　　4個
　 みかん　2個 ｝1180円　…②

②を2でわって，
　 なし　　2個
　 みかん　1個 ｝$1180 \div 2 = 590$（円）　…③となる。

$(1070 - 590) \div 3 = 480 \div 3 = 160$（円）
　　　　　　　　　　　　　　┗りんご
　　　　　　　　　　　　　　$3 \div 3 = 1$（個）

　 なし　　3個
　 みかん　1個 ｝860円　…④

③と④から
　 $860 - 590 = 270$（円）←なし　$3-2=1$（個）
　 $860 - 270 \times 3 = 860 - 810$
　　　　　　　　　 $= 50$（円）←みかん

確認テストの答え

❶ 3時間45分
❷ 時速2km
❸ (1)12分後　　(2)72分後
❹ (1)3：2　　(2)20分
　(3)$\dfrac{9}{4}$倍

考え方・解き方

❶ A地点からB地点までの道のりを1とすると,

　船が下る分速は$\dfrac{1}{50}$

　1時間30分=90分だから,

　船が上る分速は$\dfrac{1}{90}$

ボールが流される速さは, 川の流れの速さに等しいので,

　流れの速さ
　$=\{(下りの速さ)-(上りの速さ)\}\div2$

　$=\left(\dfrac{1}{50}-\dfrac{1}{90}\right)\div2$

　$=\left(\dfrac{9}{450}-\dfrac{5}{450}\right)\div2=\dfrac{4}{450}\div2=\dfrac{2}{450}=\dfrac{1}{225}$

　よって, かかる時間は,

　$1\div\dfrac{1}{225}=225$(分)

　225分=3時間45分

❷ Aの下る速さは時速 $\{13+(流れの速さ)\}$ km,
　Bの上る速さは時速 $\{12-(流れの速さ)\}$km
　よって, 2そうの船が1時間に近づくきょりは,
　$13+(流れの速さ)+12-(流れの速さ)=25$(km)

　$60\div25=\dfrac{60}{25}=2\dfrac{10}{25}=2\dfrac{2}{5}$

　$\dfrac{2}{5}\times60=24$(分)

Aが出発してBと出会うまでに2時間24分かかるので, Aが60km下るのにかかった時間は,
　2時間24分+1時間36分=4時間
　$60\div4=15$(km)…Aの下りの時速
よって, 川の流れの時速は,
　$15-13=2$(km)

❸ (1)2人の進んだ道のりの和が池のまわりの
　1800mになるときだから
　$1800\div(60+90)=12$(分後)
　(2)太郎さんが池を1周するのに,
　　$1800\div90=20$(分)
　次郎さんが池を1周するのに,
　　$1800\div60=30$(分)
　2人が(1)と同じ場所で出会うためには, 20分と
　30分の最小公倍数分後。
　20と30の最小公倍数は60だから,
　出発してからは,
　　$60+12=72$(分後)

❹ (1)ゆきさんが12分進んだとき, みほさんは, ゆ
　きさんが(12+3+3)分で進む道のりを歩い
　ている。
　よって, みほさんとゆきさんの歩く速さの比は,
　　$(12+3+3)：12=18：12=3：2$

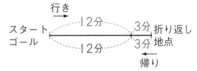

　(2)ゆきさんは, スタートしてからゴールするま
　で, $12+3+3+12=30$(分)かかる。
　速さの比が3：2だから, かかる時間の比は
　2：3になる。
　　$30\times\dfrac{2}{3}=20$(分)

　(3)ゆきさんが(3+3+12)分で歩く道のりを,
　$20-12=8$(分)で行けば, みほさんと同時に
　ゴールする。
　　$3+3+12=18$
　かかる時間の比が$18：8=9：4$だから,
　速さの比は4：9である。
　よって, $9\div4=\dfrac{9}{4}$(倍)

チャレンジテスト①の答え　96ページ

1 42才
2 (1) 6m　　　(2) 2.15m
3 (1) 15箱　　(2) 65個
4 (1) 595人　(2) 484人
　　 (3) 16人

考え方・解き方

1 A：父＝2：7　…①
　A：母＝1：3　…②
　B：母＝1：4　…③
　②より，A：母＝1：3＝4：12
　③より，B：母＝1：4＝3：12
　よって，A：B＝4：3
　いま，AとBの差が3才だから，
　4－3＝1　3÷1＝3
　3×4＝12(才)　…A
　①より，A：父＝2：7　だから，
　$12 \times \dfrac{7}{2} = 42$(才)　…父

2 (1) もとのひもの長さを1とすると，2等分に切
ったひもの長さは$\dfrac{1}{2}$，3等分に切ったひもの長さ
は$\dfrac{1}{3}$となる。差が(85＋15)cmだから，
　$(85+15) \div \left(\dfrac{1}{2} - \dfrac{1}{3}\right) = 600$(cm)→6m
(2) $600 \times \dfrac{1}{3} + 15 = 215$(cm)→2.15m

3 (1) 1箱につき，黄色の玉が赤色の玉より，
　15－11＝4(個)　多くへるから，
　(69－9)÷4＝15(箱)
(2) それぞれの玉の数は，
　15×15＋9＝234(個)
　青色の玉がちょうどなくなったので，
　234÷18＝13(箱)
　かんに残った緑色の玉は，
　234－13×13＝65(個)

4 (1) 今日の入場者は次の図のようになる。

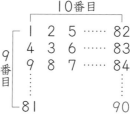

　(1200－10)÷2＝595(人)

(2) 今日の女性の入場者数は，
　1200－595＝605(人)
　昨日の女性の入場者数は，
　605÷(1＋0.25)＝605÷1.25＝484(人)
(3) 昨日の男性の入場者数は，
　595÷(1－0.15)＝595÷0.85＝700
　1200－(484＋700)＝1200－1184
　　　　　　　　　＝16(人)

チャレンジテスト②の答え　97ページ

1 170円
2 (1) 225
　　 (2) 左から10番目で上から9番目
3 (1) 130点
　　 (2) 92点，83点，74点
4 (1) 3：1：2　　(2) 60日

考え方・解き方

1 1500×(1－0.15)＝1275(円)…売り値
　1275÷(1＋0.25)＝1020(円)…仕入れ値
　よって，100gあたりの仕入れ値は，
　1020÷(600÷100)＝170(円)
2 (1) 左はしの数の並び方
　　　上から，1番目……　1＝1×1
　　　　　　　2番目……　4＝2×2
　　　　　　　3番目……　9＝3×3
　　　　　　　4番目……16＝4×4
　　　　　　　　：　　　　：
　よって，15番目の数は，15×15＝225
(2) 9×9＝81より，上から9番目の左はしの数
　が81だから，上から1番目の左から10番目
　の数は，81＋1＝82になる。

			10番目	
	1	2	5 ……	82
	4	3	6 ……	83
9番目	9	8	7 ……	84
	⋮			⋮
	81			90

　90－82＋1＝9だから，90は左から10番
　の列の上から9番目の数となる。
3 (1) 合計点は，0.45×40＝18(点)高くなる。
　十の位と一の位の数の和が11になる点数につ

いて，正しい点数と位を逆にした点数の関係は，

92点を29点とすると合計点は63点下がる

83点を38点とすると合計点は45点下がる…①

74点を47点とすると合計点は27点下がる…②

65点を56点とすると合計点は　9点下がる…③

56点を65点とすると合計点は　9点上がる

47点を74点とすると合計点は27点上がる…③

38点を83点とすると合計点は45点上がる…②

29点を92点とすると合計点は63点上がる…①

これより，①，②，③の組み合わせが考えられる。いずれも A，B の合計点数は130点。

(2) A さんの方が得点が高いので，(1)より，A さんの得点は，92点，83点，74点のうちのどれかになる。

4 かりに，2人の仕事に要する日数の比が 1:2 であるとすると，1日の仕事量の比は，2:1 になることを理解して考えることが大切である。

(1) B と C の必要な日数の比は，4:2 より，
仕事量の比は，2:4=1:2 となる。
また A の仕事量は，$2×2-1=3$ となり，

C2日分の仕事量→　　←B1日分の仕事量

3人の仕事量は，3:1:2 で表される。

(2) 全体の仕事量を 1 として考える。

3人の1日の仕事量は，$1÷10=\dfrac{1}{10}$ である。

また，3:1:2 より，の仕事量は，

$\dfrac{1}{10}×\dfrac{1}{3+1+2}=\dfrac{1}{10}×\dfrac{1}{6}=\dfrac{1}{60}$ となる。

したがって，B が1人で仕上げるには，

$1÷\dfrac{1}{60}=60$（日）となる。

チャレンジテスト③の答え　98ページ

1 1700円

2 12分後

3 (1) 8:2:5　　(2) 5.6L

4 (1) 9才　　(2) 2年前

　　(3) 9年後

考え方・解き方

1 ショートケーキを㋞，モンブランを㋲，シュークリームを㋗とする。

㋲の値段が㋗の値段の1.5倍だから，㋲2個の値

段は㋗3個の値段に等しい。

よって，㋞3個と㋲2個と㋗1個の値段は，㋞3個と㋗(3+1)個の値段に等しい。

㋞3個と㋗4個で1850円　…①

㋞1個と㋗1個で550円だから，

㋞3個と㋗3個で 550×3=1650円　…②

①と②から，

㋗(4-3)個が 1850-1650=200（円）

㋞1個は，550-200=350（円）

㋲1個は，200×1.5=300（円）

よって，$(350+300+200)×2=1700$（円）

2 1分間に列に加わる人数は，

$20÷3=\dfrac{20}{3}=6\dfrac{2}{3}$（人）

1分間に減っていく人数は，

$40-6\dfrac{2}{3}=33\dfrac{1}{3}$（人）

$400÷33\dfrac{1}{3}=400×\dfrac{3}{100}=\dfrac{\overset{4}{\cancel{400}}×3}{\underset{1}{\cancel{100}}}$

$=12$（分）

3 (1) それぞれの容器からくみ出した水の量を求める。

A：$\dfrac{5}{6}-\dfrac{3}{4}=\dfrac{10}{12}-\dfrac{9}{12}=\dfrac{1}{12}$

B：$1-\dfrac{2}{3}=\dfrac{1}{3}$

C：$\dfrac{1}{3}-\dfrac{1}{5}=\dfrac{5}{15}-\dfrac{3}{15}=\dfrac{2}{15}$

それぞれの容器の容量の比は，

$\left(1÷\dfrac{1}{12}\right):\left(1÷\dfrac{1}{3}\right):\left(1÷\dfrac{2}{15}\right)$ となる。

比を簡単にすると，

$12:3:\dfrac{15}{2}=24:6:15=8:2:5$

(2) それぞれの容器の容量

A：$30×\dfrac{8}{8+2+5}=30×\dfrac{8}{15}=16$（L）

B：$30×\dfrac{2}{15}=4$（L）　C：$30×\dfrac{5}{15}=10$（L）

D に入れた水の量を求める。

$16×\dfrac{1}{12}+4×\dfrac{1}{3}+10×\dfrac{2}{15}$

$=\dfrac{16}{12}+\dfrac{4}{3}+\dfrac{20}{15}=\dfrac{4}{3}+\dfrac{4}{3}+\dfrac{4}{3}=4$

$4÷\left(1-\dfrac{2}{7}\right)=4÷\dfrac{5}{7}=\dfrac{4×7}{5}=5.6$（L）

4 (1)

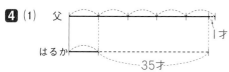

　(35＋1)才がはるかさんの(5－1)倍になる。
　(35＋1)÷(5－1)＝9(才)…はるかさん

(2) 父とはるかさんの年令の差は変わらないから，
　35÷(6－1)＝7(才)…はるかさん
　9－7＝2(年)

(3) 9＋35＝44(才)…現在の父の年令
　44＋38＝82(才)…父と母の年令の和
　11＋9＋3＝23(才)…子ども3人の年令の和

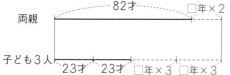

現在の子ども3人の年令の和の2倍と両親の年令の和との差は，82－23×2＝36(才)…①

1年に子ども3人の年令の和は3才ふえ，両親の年令の和は2才ふえる。

差①を，3才×2と2才との差で□年かかってちぢめるので，36÷(3×2－2)＝9(年)

チャレンジテスト④の答え　　99ページ

1 100個

2 (1) $1\frac{1}{3}$倍　　(2) 360m

　(3) 72m

3 (1) 11段　　(2) 703個

4 (1) ア…2　　イ…1　　ウ…3
　　　 エ…3　　オ…5

　(2) 3.6点

考え方・解き方

1 110円の品物を□個買ったとすると，110円の品物□個の金額と100円の品物□個の金額の差は，
　(100×10－100)円
1個につき，(110－100)円高いから，
　(100×10－100)÷(110－100)
　＝90(個)…□個
よって，もともと買うつもりの個数は，
　90＋10＝100(個)

2 (1) 次郎さんが90m走る間に太郎さんは120m走るから，
$$120÷90＝\frac{120}{90}＝\frac{4}{3}＝1\frac{1}{3}(倍)$$

(2) 太郎さんの速さを1とすると，次郎さんの速さは，
$$1÷\frac{4}{3}＝\frac{3}{4}$$
よって，太郎さんがB地点に来たとき，次郎さんはその$\frac{3}{4}$だけ走っているので，
$$90÷\left(1-\frac{3}{4}\right)＝90÷\frac{1}{4}＝90×4＝360(m)$$

(3) 次郎さんが90m走る間に，三郎さんは
90－10＝80(m)走るので，三郎さんは次郎さんの$80÷90＝\frac{8}{9}$の速さ。

よって，太郎さんの速さを1とすると，三郎さんの速さは，$\frac{3}{4}×\frac{8}{9}＝\frac{2}{3}$

太郎さんがB地点に来たとき，三郎さんは，
$$360－360×\frac{2}{3}＝360－240＝120(m後方)$$
太郎さんと三郎さんの速さの比は，
$$1:\frac{2}{3}＝\frac{3}{3}:\frac{2}{3}＝3:2$$
よって，120mを太郎さんと三郎さんが3：2の割合で走ったと考えると，太郎さんと三郎さんが出会うのは，B地点から，
$$120×\frac{3}{3+2}＝72(m)$$

3 表で考えてみる。

段の数	1	2	3	4	5	6
まわりの数	1	3	6	9	12	15
全部の数	1	3	6	10	15	21

(1) 表から，まわりの数は，2段目以降は，次の式で表すことができる。
　段数×3－3…まわりの数
　段数×3－3＝30
　30＋3＝33　33÷3＝11…段数

(2) 並べたご石を逆にして，右の図のようにくっつけると，ご石の数は，段数×(段数＋1)となる。よって，三角形に並べたご石の全部の数は，

$$\frac{段数 \times (段数 + 1)}{2}$$

段数が 37 なので，ご石は全部で，

$$\frac{37 \times (37 + 1)}{2} = 703(個)$$

4 (1) 国語の合計点より，

3 + ア + 1 + 2 + 4 = 2.4 × 5　10 + ア = 12
ア = 2

2回目と4回目の合計点より，

4 + 2 + 2 = 3 + 2 + エ　8 = 5 + エ　エ = 3

理科の合計点より，

5 + 2 + ウ + 3 + 5 = 3.6 × 5　15 + ウ = 18
ウ = 3

3回目の合計点は，イ + 1 + 3 = 4 + イ

5回目の合計点は，オ + 4 + 5 = 9 + オ

3回目と5回目の合計点の差は，3 × 3 = 9

3回目が5回目より9点多いとすると，

3回目の得点は，9 + オ + 9 = 18 + オ となって，

5 × 3 = 15(点)をこえるので，不適。

よって，4 + イ + 9 = 9 + オ

4 + イ = オ

1～5のうち，差が4である2数は，1と5
だから，イ = 1，オ = 5

(2) 算数の合計点は，

5 + 4 + 1 + 3 + 5 = 18

平均点は，18 ÷ 5 = 3.6(点)

チャレンジテスト⑤の答え　100ページ

1 (1) 2400円　　(2) 2100円

2 (1) 数の列①…$\frac{5}{2}$　　数の列②…$\frac{5}{6}$

(2) 数の列①の87番目

3 (1) 4倍　　(2) 8日間

4 34500円

(考え方・解き方)

1 (1) $1 - \frac{1}{3} = \frac{2}{3}$　$\frac{3}{4} - \frac{2}{3} = \frac{4}{12} - \frac{8}{12} = \frac{1}{12}$

弟の最初のお金の $\frac{1}{12}$ が200円にあたるから，

$$200 \div \frac{1}{12} = 2400(円)$$

---

(2) $1500 + 2400 \times \frac{1}{3} - 200 = 2100(円)$

2 (1) $1 = \frac{1}{1}$ と考えると，数の列①の分子は，

1, 1, 2, 1, 2, 3, 1, 2, 3, 4,

1, 2, … と並ぶ。

分母は，1, 2, 1, 3, 2, 1, 4, 3, 2, 1,

5, 4, … と並ぶ。

1 + 2 + 3 + 4 + 5 + 6 = 15 + 6 = 21

だから，左から16番目から21番目までの数
を調べると，

$$\frac{1}{6}, \frac{2}{5}, \frac{3}{4}, \frac{4}{3}, \frac{5}{2}, \frac{6}{1}$$

となって，20番目の数は，$\frac{5}{2}$

数の列②の分子は，1, 1, 2, 1, 2, 3,

1, 2, 3, 4, 1, 2, … と並ぶ。

分母は，1, 2, 2, 3, 3, 3, 4, 4, 4, 4,

5, 5, … と並ぶ。

左から16番目から21番目までの数を調べる
と，

$$\frac{1}{6}, \frac{2}{6}, \frac{3}{6}, \frac{4}{6}, \frac{5}{6}, \frac{6}{6}$$

となって，20番目の数は，$\frac{5}{6}$

(2) 数の列②は1より大きい数はでてこないから，

$\frac{9}{5}$ は数の列①の中にある。

$1 = \frac{1}{1}$ と考えると，①の分子と分母の和は，

2, 3, 3, 4, 4, 4, 5, 5, 5, 5, 6, …

となる。

$\frac{9}{5}$ では，5 + 9 = 14

分母と分子の和が13の数は12個あるので，

1 + 2 + 3 + …… + 12 = 78

左から79番目からの数を調べると，

$$\frac{1}{13}, \frac{2}{12}, \frac{3}{11}, \frac{4}{10}, \frac{5}{9}, \frac{6}{8}, \frac{7}{7}, \frac{8}{6}, \frac{9}{5}$$

となって，87番目。

3 (1) 毎朝仕入れる量を求める。

12 × 2 = 24，8 × 4 = 32

在庫の量は同じだから，売れた箱数の差は，仕入れる箱数の差になる。

$$(32-24)÷(4-2)=8÷2=4(箱)$$
…毎日仕入れる箱数

$$(12-4)×2=8×2=16…在庫の箱数$$
└→1日に減っていく箱数

$$16÷4=4(倍)$$

(2) $16÷(6-4)=8(日間)$

❹ $30000×3-81000=9000(円)$
…3人がはらった入場料の合計

$$(9000-1500×2-1500)÷3$$
$$=4500÷3=1500(円)…C がはらった入場料$$

C が 2 人にはらった金額の合計は，
$$30000-(6000+1500)=22500(円)$$

A は B より 4500 円少ないから，
$$(22500-4500)÷2=9000(円)$$
…A が C からもらった金額

A がはらった入場料は，
$$1500+1500×2=4500(円)$$

A がはらった交通費は，
$$30000+9000-4500=34500(円)$$

MEMO